Johannes Dieterich, Hg.

TONY RINAUDO – DER – WALD-MACHER

Übersetzung aus dem Englischen (Texte von Tony Rinaudo und Dennis Garrity) von Roland Brolde.

Der Herausgeber und der Verlag bedanken sich für die großzügige Unterstützung bei

Elisabeth Jenny-Stiftung
Dr. Georg und Josi Guggenheim-Stiftung

und für die Ermöglichung der Reise von Tony Rinaudo und Johannes Dieterich in den Niger bei

World Vision Deutschland

Der rüffer & rub Sachbuchverlag wird vom Bundesamt für Kultur mit einem Strukturbeitrag für die Jahre 2016–2020 unterstützt.

Erste Auflage 2018

info@ruefferundrub.ch | www.ruefferundrub.ch

Schrift: Filo Pro
Druck und Bindung: CPI – Ebner & Spiegel, Ulm
Papier: Werkdruck holzfrei (FSC) bläulichweiß, 90 g/m^2, 1.75

MIX
Papier aus verantwortungsvollen Quellen
FSC® C083411
FSC www.fsc.org

ISBN 978-3-906304-18-2

Vorwort

Anne Rüffer, Verlegerin

2. Dezember 2015, Genf. Im voll besetzten »Auditorium Ivan Pictet« hat sich ein hochrangiges Publikum versammelt, um die aktuellen Preisträger des Alternativen Nobelpreises zu ehren. Selten stimmt die Adresse eines Ortes so unmissverständlich mit den Inhalten der Veranstaltung überein wie an diesem Abend: »Maison de la Paix«. Deutschlands Umweltministerin Barbara Hendriks und UN-Generaldirektor Michael Møller eröffnen den Anlass, der unter dem Titel steht: »On the Frontlines and in the Courtrooms: Forging Human Security.«

In der darauf folgenden Diskussion der vier Preisträger von 2015 fällt auf einmal die Aussage, die mich elektrisiert: »Die UN wurde nach dem Zweiten Weltkrieg gegründet, um nachfolgende Generationen vor der Geisel des Kriegs zu bewahren. Seither hat es über 170 Konflikte gegeben – und ihr habt die Möglichkeit einer Abschaffung von Kriegen nie diskutiert? Come on, guys, das ist doch unglaublich!« Verlegenes Gelächter und ungläubiges Staunen im Publikum, doch Dr. Gino Strada, Gründer der internationalen Hilfsorganisation »Emergency« weiß nur zu gut, wovon er spricht: Seit den frühen 1990er-Jahren baut er Kliniken in Kriegsregionen und kümmert sich um die zivilen Opfer – 10 % sind Kämpfer der verschiedenen Kriegsparteien, 90 % Zivilisten. Er beendete sein Statement mit der Feststellung: »Nennt mich ruhig einen Utopisten, denn alles ist eine Utopie, bis jemand seine Idee in die Tat umsetzt.«

Einer der wohl meistzitierten Sätze der letzten Jahrzehnte lautet: »I have a dream.« Nicht nur Martin Luther King hatte einen Traum – viele Menschen träumen von einer gerechteren Welt für alle. Und es sind einige darunter – mehr als wir wissen und noch lange nicht genug –, die ihren Traum mit Engagement, Herz und Verstand realisieren. Es sind Pioniere in ihren Bereichen, man mag sie – wie Gino Strada, Martin Luther King, Mutter Teresa oder Jody Williams – durchaus Utopisten nennen. Doch: Jede große Errungenschaft begann mit einer Idee, einer Hoffnung, einer Vision.

Den Funken einer Idee, einer Hoffnung, einer Vision weiterzutragen und damit ein Feuer des persönlichen Engagements zu entzünden, das ist die Absicht, die wir mit unserer neuen Reihe – wir nennen sie »rüffer&rub visionär« – verfolgen. Im Mittelpunkt steht die persönliche Auseinandersetzung der Autoren mit ihrem jeweiligen Thema. In packenden Worten berichten sie, wie sie auf die wissenschaftliche, kulturelle oder gesellschaftliche Frage aufmerksam geworden sind, und was sie dazu veranlasste, sich der Suche nach fundierten Antworten und nachhaltigen Lösungen zu verpflichten. Es sind engagierte Texte, die darlegen, was es heißt, eine persönliche Verpflichtung zu entwickeln und zu leben. Ob es sich um politische, gesellschaftliche, wissenschaftliche oder spirituelle Visionen handelt – allen Autoren gemeinsam ist die Sehnsucht nach einer besseren Welt und die Bereitschaft, sich mit aller Kraft dafür zu engagieren.

So vielfältig ihre Themen und Aktivitäten auch sein mögen – ihr Handeln geschieht aus der tiefen Überzeugung, dass eine bessere Zukunft auf einem gesunden Planeten für alle möglich ist. Und: Wir sind davon überzeugt, dass jeder von uns durch eigenes Handeln ein Teil der Lösung werden kann.

Einleitung

Johannes Dieterich

Bis zu 700 Millionen Menschen werden in den nächsten drei Jahrzehnten womöglich ihre Heimat verlassen müssen, weil die Landschaften, in denen sie leben, zunehmend veröden. Das ist kein Kassandraruf eines Aufmerksamkeit erheischenden Untergangspropheten, sondern die Prognose von mehr als hundert Wissenschaftlern, die sich im März 2018 in der kolumbianischen Hauptstadt Bogotá trafen. In ihrem Bericht schreiben die in der Bonner »Zwischenstaatlichen Plattform für Biodiversität« vereinten Experten, dass Klimawandel und Landzerstörung in großen Teilen der Welt die landwirtschaftlichen Erträge bis zum Jahr 2050 zu halbieren drohten: Als Folge sei mit sozialer Destabilisierung und gewalttätigen Konflikten um knapper werdende Ressourcen zu rechnen.

Zugegeben: Das erschreckende Szenario hat auch mich kalt erwischt – selbst nach mehr als 20 Afrika-Jahren war mir das Ausmaß der Verödung der Acker- und Weideflächen auf dem Kontinent nicht bewusst. Dass ich Tony Rinaudo im März 2016 zum ersten Mal begegnete, war keiner Jagd auf Apokalyptisches, sondern meiner Suche nach einer »positiven Geschichte« aus Afrika zuzuschreiben, die von meinen Heimatredaktionen in Deutschland immer häufiger angefordert werden: Angesichts des Elends in anderen Teilen der Welt will man aus dem bisherigen Kontinent der Kriege, Krankheiten und Katastrophen inzwischen lieber Mut-Machendes hören. Rinaudo erfülle die in ihn gesetzten Erwartungen glänzend: Der Waldmacher stellte sich als Hoffnungsmacher heraus.

Aus seiner Geschichte könnte man ohne Weiteres ein Heldenepos stricken: vom aufopferungsvollen Missionar, der erfolgreich gegen die Verödung ganzer Landstriche ankämpft. Ihm selbst hätte man damit allerdings keinen Gefallen getan: Denn Tony Rinaudo will sich nicht verherrlicht sehen, er will sich vielmehr überflüssig machen. Erst wenn aus seiner Idee eine »Bewegung« geworden ist, sieht sich der Agronom am Ziel seiner Anstrengungen angelangt: Wenn Millionen von Menschen von sich aus dem Abholzen der Bäume auf ihren Feldern ein Ende setzen und zu einer integrierten Landwirtschaft zurückkehren. Dass dieser Paradigmenwechsel ohne großen Aufwand möglich ist, ist das Faszinierendste an Rinaudos Entdeckung: Um die verödeten Landschaften wieder zum Blühen zu bringen, sind weder große Mengen an Geld noch übergebührliche Anstrengungen nötig.

Mit Tony Rinaudo unterwegs gewesen zu sein gehört zu den eindrücklichsten Erfahrungen meiner Reisen auf dem Kontinent: Selten habe ich einen hellhäutigen Menschen erlebt, der mit der afrikanischen Bevölkerung dermaßen »in tune« ist. Dem Agronom ist Besserwisserei ebenso fremd wie Zynismus – oder die Ursünde des weißen Helferheeres, der Paternalismus. Tony leidet mit einem Kleinfarmer, wenn dessen Ziege stirbt, und freut sich mit ihm, wenn sein Sahel-Apfelbaum die ersten Früchte trägt. Und das alles auf Hausa, der Verkehrssprache Westafrikas, die der Australier nach dem wohlwollenden Urteil seiner Gegenüber wie »ein Esel aus Kano« spricht.

Rinaudo und seine Methode der Farmer Managed Natural Regeneration (FMNR) stehen im Zentrum dieses Buches. In der einführenden Reportage berichte ich von Reisen mit dem »Waldmacher« nach Äthiopien, Somaliland und in den Niger, wo Rinaudo vor fast 35 Jahren den »unterirdischen Wald«

entdeckte. Er selbst erzählt dann, wie er die FMNR-Methode entwickelt und den Farmern ihre Vorzüge aufgezeigt hat. Der Agronom Dennis Garrity erläutert in seinem Beitrag die wissenschaftlichen Fakten zu FMNR. Und Günter Nooke, Afrikabeauftragter der deutschen Bundeskanzlerin Angela Merkel, trägt schließlich im Gespräch eine politische Einschätzung der Arbeit des Waldmachers bei.

Nach Auffassung der in Bogotá versammelten Wissenschaftler gibt es im Zusammenhang mit der rasenden Verödung eigentlich nur eine Hoffnung: Dass die einheimischen Farmer für ein »nachhaltiges Landmanagement« gewonnen werden. Mit FMNR will Tony Rinaudo die geeignete Methode dafür gefunden haben – gerade noch rechtzeitig, um die Zerstörung unserer Lebensgrundlage aufhalten oder sogar rückgängig machen zu können. Während der einstige Missionar seine Entdeckung selbst als religiöse Offenbarung erlebt hat, kommt einem Agnostiker das Diktum des deutschen Romantikers Friedrich Hölderlin in den Sinn: »Wo aber Gefahr ist, wächst das Rettende auch.«

»Ist das nicht Tony?«

Johannes Dieterich

Hier könnte man ohne Weiteres »Heidi« filmen. Der Wildbach plätschert lustig vor sich hin. Glücklich mampfen die Kühe das saftige Gras. Das Kinn auf seinen Stock gestützt blickt ein Hirtenjunge verträumt ins Tal. Nur die dunkle Haut des Knaben lässt ahnen, dass hier nicht Heidis Heimat ist. Und zwei nahe gelegene, mit Gras bedeckte Hütten verraten vollends, dass sich diese Postkartenidylle auf einem anderen Kontinent abspielt, weit weg von der Schweiz. Wir befinden uns in Afrika, genauer gesagt: in den Bergen nahe der südäthiopischen Stadt Sodo.

»Wenn Sie vor zehn Jahren hier gewesen wären, würden Sie noch viel mehr staunen«, sagt Tony Rinaudo. Der australische Agrarexperte scheint vor Glück gleich zu platzen: Als der Melbourner im Jahr 2006 zum ersten Mal nach Sodo kam, sahen die Berge noch wie nach einer Naturkatastrophe aus. Statt von Bäumen und Gras war die Landschaft damals höchstens von stacheligen Büschen und Kriechpflanzen bedeckt, die Erosion hatte tiefe Furchen in die Abhänge gerissen, bei starkem Regen stürzten regelmäßig Schlammlawinen ins Tal. Sie rissen zuweilen sogar einige der afrikanischen Rundhütten mit sich: Einmal wurde eine fünfköpfige Familie unter den Erdmassen begraben.

In jener Zeit waren die Menschen in der Region Sodo noch auf Nahrungsmittelhilfe angewiesen – wie im 50 Kilometer weiter südwestlich gelegenen Dörfchen Humbo, dessen Hausberg dem nackten Buckel eines Nilpferds glich. Tony

Rinaudo war damals von der Hilfsorganisation World Vision nach Humbo geschickt worden, um eine der letzten noch fließenden Quellen einzufassen. Der Agrarexperte sah allerdings schnell, dass die dortige Bevölkerung ein wesentlich größeres Problem als die nicht eingefasste Quelle hatte: Mit dem ständigen Abholzen der Bäume und dem Übergrasen der Weiden hatte sie ihre eigene Lebensgrundlage zerstört.

»Wir haben oft darüber geredet, ob wir wegziehen sollten«, erinnert sich Anato Katmar, dessen drei Hektar große Farm am Fuß des ehemaligen Nilpferdbuckels liegt: »Aber wohin?« Damals lebte er mit seiner Frau und den fünf Kindern noch in eine kleine Hütte gezwängt, die Mais- und Sorghum-Ernte fiel Jahr für Jahr miserabler aus, von dem kahlen Hügel kullerten ab und zu Felsbrocken in seine Felder und zermalmten die Pflanzen. Von der Höhe herab war als einziger Laut der noch übrig gebliebenen Tierwelt das höhnische Bellen der Paviane zu hören: Die Affen fraßen jedes bisschen Grün weg, das sich auf dem nackten Hügel zeigte. Viele Abende im Jahr gingen die Katmars hungrig ins Bett.

Äthiopien gilt als das Hungerland des Kontinents schlechthin. Aus dem inzwischen über 100 Millionen Einwohner zählenden Staat am Horn von Afrika wurden einst die schlimmsten Dürrekatastrophen der Erde gemeldet. Bis Bob Geldof mit seiner »Band Aid« 1984 das Gewissen der Weltöffentlichkeit wachgerüttelt hatte, mussten eine halbe Million Äthiopier sterben. Noch heute hat das Land – wie die meisten der 55 Staaten des Kontinents – Schwierigkeiten, seine Bevölkerung zu ernähren: Während die Zahl der Hungernden in den vergangenen 25 Jahren weltweit zurückging, ist sie in Afrika weiter gestiegen. Und zwar von 181,7 Millionen Menschen im Jahr 1990 auf 232,5 Millionen im Jahr 2017.

Für die chronische Krise werden neben politischen und klimatischen Ursachen auch ökologische Einschnitte verantwortlich gemacht: allen voran die Verschlechterung der Böden und das Verschwinden der Bäume. Äthiopien, das einst zu weiten Teilen mit Wald bedeckt war, hat in den vergangenen 50 Jahren fast 90% seiner stämmigen Pflanzen verloren. Doch wenn sich Experten über eines einig sind, dann ist es die Bedeutung der Bäume für die Qualität der Böden: Sie halten die Erde fruchtbar und feucht, sorgen mit ihrem Schatten für wesentlich geringere Bodentemperaturen und brechen den Wind, der ansonsten die in der Trockenzeit zu Staub zerbröselte Erde fortträgt.

Am schlimmsten hat die ökologische Verheerung die Sahelzone heimgesucht. Dort breitete sich die Wüste bis vor zwanzig Jahren immer weiter in Richtung Süden aus, die Bäume verschwanden. Fast alle Versuche, der zunehmenden Verödung in den trockenen Landstrichen mit dem Pflanzen neuer Bäume Herr zu werden, schlugen fehl: Die meisten der teuren Setzlinge erlebten nicht einmal ihren ersten Geburtstag. »Millionen von US-Dollar wurden verschwendet«, sagt Tony Rinaudo, der einst für Wiederaufforstungsprogramme in der Sahelzone zuständig war: »Wenn ein Bruchteil unserer Setzlinge überlebte, konnten wir froh sein.«

Das soll nun allerdings Vergangenheit sein, sagt der ansonsten ausgesprochen bescheiden auftretende Australier. Der Agronom aus Melbourne will eine wesentlich erfolgreichere Methode der Wiederbewaldung und Wiederbelebung der Böden gefunden haben – und zwar zum Nulltarif. Rinaudo hat sich nichts Geringeres vorgenommen, als dem Hunger in Afrika den Garaus zu machen: Seine Entdeckung könnte für den Kontinent bedeutender als Milliarden von US-Dollar an Entwicklungshilfe werden.

»Hol mich hier raus«

Als der Australier 1999 erstmals nach Humbo kam, wurde er nicht wie der Messias begrüßt. Die Dorfbewohner standen dem fremden Agrarexperten wenn nicht gar feindselig, so doch zumindest skeptisch gegenüber. Sie argwöhnten, dass das Bleichgesicht im Auftrag ausländischer Agrarkonzerne unterwegs sei. Seine Vorschläge, auf den ohnehin ausgemergelten Feldern auch noch Bäume wachsen zu lassen, die hungrigen Rinder vom kahlen Hügel fernzuhalten und den Köhlern das Schlagen von Brennholz zu verbieten, klangen unsinnig oder sogar verdächtig: Mit dem merkwürdigen Baumfreund wollte man lieber nichts zu tun haben. Anato Katmar gehörte zu den wenigen, der dem Fremden eine Chance einzuräumen bereit war: Womöglich, weil er ohnehin nichts mehr zu verlieren hatte. »Tony«, sagt Katmar, »war meine letzte Chance.« Für seine erste Kooperative musste sich Rinaudo mit einer Handvoll Farmern begnügen: Die sahen sich zu allem Überfluss auch noch dem Gespött und Misstrauen ihrer Nachbarn ausgesetzt.

Heute gibt es in Humbo sieben Kooperativen mit über fünftausend Mitgliedern, keiner von ihnen scheint mehr an Tony Rinaudos Methode zu zweifeln. Während die anderen Dörfer der Region im El-Niño-Jahr 2016 wieder einmal auf Nahrungsmittelhilfe angewiesen waren, wurden in den Kooperativen am Fuß des Nilpferdrückens Überschüsse eingefahren: Sie werden zur Verteilung in bedürftigen Teilen des Landes an das Welternährungsprogramm der Vereinten Nationen (WFP) verkauft. Der Hügel selbst ist inzwischen wieder von mehr als zwei Meter hohen Bäumen bewaldet, und auf den Farmen wachsen Obstbäume, die außer Schatten auch Früchte – und hin und wieder einzelne Äste als Brennholz abwerfen. Statt seiner Rundhütte konnte sich Anato inzwischen ein richtiges Haus mit Backsteinen und Wellblechdach leisten. Außer dem obligatorischen Mais und Hirse baut er Kaffee und Bananen an, die er zusammen mit den Mangos aus dem Garten auf dem Markt verkauft. Den Erlös investierte der Farmer in die Ausbildung seiner Kinder: Die zwei Ältesten schlossen bereits ihr Studium ab, die drei Jüngsten gehen noch ins Gymnasium. Bei den Katmars gibt es inzwischen dreimal täglich zu essen: »Hunger«, sagt Vater Anato, »kennen wir nur noch aus der Erinnerung.«

Tony Rinaudo folgt den Erzählungen seines Musterfarmers mit strahlender Miene – für den Agronomen geht in Humbo ein Traum in Erfüllung. Schon Anfang der 1980er-Jahre war Rinaudo von seiner Mission »Serving in Mission« (SIM) in den Niger geschickt worden: Dort sollte er den Vormarsch der Wüste mit dem Pflanzen neuer Bäume stoppen. Mehrere Jahre lang ging der Australier als Don Quichotte der Setzlinge gegen die alles verheerenden Sandmühlen vor: Kaum 10% seiner Bäumchen hätten nach dem Einpflanzen die Hitze und die staubigen Stürme überstanden, erinnert er sich. Und falls einer der Setzlinge mal durchkam, wurde er später von Ziegen gefressen oder noch später zu Brennholz zerhackt. Schließlich hätte Rinaudo mit seiner Geduld auch fast noch den Glauben verloren: »Hol mich hier raus«, haderte er wie einst Hiob mit seinem Gott.

In der Wahrnehmung des ehemaligen Missionars ging seine Geschichte in Maradi auch biblisch weiter. Eines Tages, als Rinaudo gerade Luft an den Reifen seines Geländewagens herausließ, um besser durch die trostlose Sandlandschaft zu kommen, fiel es ihm wie Schuppen von den Augen. Bei den grünen Trieben, die überall um ihn herum aus dem Sand sprossen, handelte es sich mitnichten – wie er bislang immer angenommen hatte – um nutzloses Kraut: Sie stellten sich bei genauerer Betrachtung vielmehr als Baumtriebe heraus. Wenn diese jedoch mitten im Sand wachsen konnten, musste sich unter ihnen ein noch intaktes Wurzelwerk befinden, folgerte Rinaudo: Und weil dasselbe Phänomen überall in der Region zu beobachten war, durfte man von einem riesigen Wurzel-Netzwerk unter dem Sand der Sahelzone ausgehen. Bäume, die gewissermaßen verkehrt herum im Wüstenboden stecken, schwante dem Agrarexperten: ein unterirdischer Wald.

Sein Damaskus-Erlebnis stellte Rinaudos Welt vom Kopf auf die Füße. Wenn man den grünen Trieben im Sand nur eine Chance gäbe, würden sie ganz von selbst zu Bäumen heranwachsen, mutmaßte er: Sein verzweifeltes Pflanzen neuer Bäume war womöglich völlig überflüssig. Alles, was man zur Regeneration der verheerten Landschaft brauchte, war ein Taschenmesser, das Rinaudo ständig mit sich trägt: Damit pflegt er die zum Verbuschen neigenden Triebe der Bäumchen zu beschneiden. Weil die Sprösslinge auf die noch im Wurzelwerk gelagerten Nährstoffe, vor allem Zucker, zurückgreifen können, wachsen sie meist in atemberaubendem Tempo zu ausgewachsenen Bäumen heran. Er habe schon oft beobachtet, wie aus einem kümmerlichen Stämmchen innerhalb von drei Jahren ein fünf Meter hoher Baum geworden sei, sagt der Australier.

Stadt der unbenützten Tankstellen

Maradi muss die Stadt mit der weltweit größten Zahl an Tankstellen pro Einwohner sein: An den Einfallstraßen der nigrischen Provinzstadt finden sich Spritstationen wie andernorts Telegrafenmasten aufgereiht. Die meisten sind allerdings nicht in Betrieb: Sie verdanken ihr Dasein lediglich einer Bestimmung der nigrischen Regierung, wonach nur derjenige eine Genehmigung zum Export von Kraftstoff ins Nachbarland Nigeria erhält, der eine Tankstelle besitzt. Mit dem kleinen

Grenzverkehr lässt sich offenbar dermaßen viel Geld verdienen, dass sich der Bau einer nutzlosen Pumpstation schnellstens amortisiert: Ein Beispiel für die bürokratischen Abenteuerlichkeiten, mit denen die knapp 17 Millionen Einwohner des westafrikanischen Staats leben müssen.

Ansonsten ist Maradi wie jede andere Provinzstadt in diesen Breitengraden: zu heiß, zu staubig und dennoch rund um die Uhr lebendig. Nur die schlimmste Mittagshitze verbringen die Fahrer der allgegenwärtigen Motorradtaxis über den Tank ihrer chinesischen Maschinen ausgestreckt, während betagte Peugeots 404 weiterhin über die meist ungeteerten Straßen rumpeln und sich alte Männer auf Steinbrocken sitzend mit Brettspielen die Zeit vertreiben. Das einzige saftige Grün in der mit einem sandfarbenen Film überzogenen Stadt ist im Stadion mit seinem von der Fifa finanzierten künstlichen Rasen zu finden. Viehhirten aus der Umgebung rückten regelmäßig mit ihren Herden an, erzählen sich die Städter spöttisch: Im Glauben, dass sich in der Fußballarena frisches Gras befinde. Ansonsten haben auch die Stadtbewohner wenig zu lachen: In Maradi verfügt nicht einmal die Hälfte der Arbeitsuchenden über einen Job, die meisten der nahezu eine Million zählenden Einwohner müssen mit dem Äquivalent eines Euros am Tag auskommen. In ihren Hütten aus Wellblech gibt es meist weder fließendes Wasser noch Strom.

Die Sahelzone ist das Stiefkind des Kontinents, der selbst schon aus zerrütteten Verhältnissen stammt: In dem wenige hundert Kilometer breiten Landstrich, der sich vom Senegal im Westen des Erdteils bis zum ostafrikanischen Sudan hinzieht, scheint die Armut noch tiefer verwurzelt zu sein als der wilde Feigenbaum mit seinen bis zu 120 Metern in die Erde reichenden Trieben. Aus der Sahelzone stammt ein beträchtlicher Teil der Migranten, die ihr Glück trotz der lebensgefährlichen Reise im europäischen Nachbarkontinent suchen. Hier fällt auch den zornigen Islamisten – die den Einfluss der christlichen Weltherrscher als zumindest eine der Ursachen ihres Elends betrachten – die Rekrutierung neuer Kämpfer nicht schwer. Nicht weit von Maradi entfernt treibt die nigerianische Sekte Boko Haram ihr Unwesen, deren Name so viel wie »westliche Erziehung ist Sünde« bedeutet. Und im Norden des Nigers sind Mitglieder der Terrorgruppe »Al Kaida im Maghreb« aktiv. Westliche Militärs betrachten die Sahelzone als ein derart gefährliches Terrain, dass sie dort Tausende ihrer eigenen Soldaten stationiert haben. Doch auch die französischen, amerikanischen und deutschen Truppenkommandeure wissen, dass den wahren Gründen der Gefahr nicht mit Waffengewalt beizukommen ist. Es ist die Armut, die besiegt werden muss, und das ist Rinaudos Metier.

Hausa wie ein Esel aus Kano

»Tony, Tony!«, ruft ein älterer Mann, als er am Dorfrand von Dan Indo den Beifahrer mit der hellen Haut im Geländewagen erkennt: Kurze Zeit später ist das Fahrzeug von einem Schwarm Jugendlicher und einem guten Dutzend lachender Männer umringt. Trotz seiner inzwischen grau melierten Haare erkennt jeder den ehemaligen Missionar auf Anhieb – man klatscht in die Hände, umarmt sich und schüttelt ungläubig den Kopf. Ein stattlicher Mann stellt sich auch selbst als Tony vor: Seine Eltern haben ihn vor mehr als dreißig Jahren nach dem Australier benannt. Keinesfalls der einzige dunkelhäutige Tony im Maradi-Distrikt, wie sich im Verlauf unseres Besuchs herausstellt. Legt man als Maßstab die Ausbreitung seines Namens an, muss Rinaudo hier hervorragende Arbeit geleistet haben.

Sule Lebo, der Dorfälteste von Dan Indo, will die Hand seines Besuchers gar nicht mehr loslassen. Die beiden unterhalten sich in Lebos Muttersprache Hausa, was diesen immer wieder laut auflachen lässt: »Er kann es noch immer!«, klatscht sich der Bürgermeister auf die Schenkel. Tony spreche Hausa »wie ein Esel aus Kano«, heißt es in den kommenden Tagen immer wieder: Das ist als Kompliment gemeint.

Nach der überschwänglichen Begrüßung kommt Sule Lebo allerdings schnell zur Sache. Die vergangenen Jahre seien hart gewesen, erzählt der Dorfchef: Der Regen fiel miserabel aus, die Ernten waren schlecht, schließlich musste sich der 63-Jährige auch noch für umgerechnet EUR 400 an der Prostata operieren lassen. Um das Schulgeld seiner Kinder zahlen zu können, sah sich Lebo gezwungen, drei seiner acht Ochsen zu verkaufen – und trotzdem geht es dem Farmer mit seinen zwei Frauen und 17 Kindern heute wesentlich besser als zu Beginn der 1980er-Jahre, als er Rinaudo kennenlernte. Damals bewirtschaftete Lebo nur drei Hektar Land, heute sind es 22. Erntete er damals noch lediglich 150 Kilogramm Hirse pro Hektar, so sind es heute 500 Kilogramm. Und die rund zwanzig Ziegen und Schafe seiner Frau gab es damals auch noch nicht. Als der australische Agronom hier mit der Arbeit begann, habe man zwischen dem Dorf und der rund zwei Kilometer entfernten Teerstraße kaum einen Baum gesehen, fährt Lebo fort: Heute stehen Hunderte von ihnen über die Felder verteilt.

Der Dorfchef war einer der wenigen, der Rinaudo damals eine Chance einräumte: Dan Indo wurde zu einem der ersten Projektdörfer des ausländischen Agrarexperten. Der Feldversuch hätte kaum besser verlaufen können: Schon nach wenigen Jahren waren auf den Äckern der Dorfbewohner wieder zahlreiche Bäume herangewachsen – sie spendeten Schatten, senkten die Bodentemperatur, brachen den Wind und gaben ganz nebenbei auch noch Holz zum Hüttenbau oder Feuermachen ab. Lebos Ernteeinnahmen verdreifachten sich, allein mit dem Verkauf von Holz verdient er inzwischen jährlich rund EUR 130, für nigrische Verhältnisse eine stattliche Summe. Mit seinen zahlreichen Feldern, den Ochsen, Ziegen und Hühnern ist dem Kleinbauern der Aufstieg zum diversifizierten Farmer geglückt: Das habe er neben dem Allmächtigen vor allem Tony zu verdanken, lacht Lebo.

Ansonsten ist das Bild, das beim Abklappern mehrerer Dörfer in der rund 30 Kilometer nördlich von Maradi gelegenen Region entsteht, durchaus vielfältig. In Waye Kai verfügt Dorfchef Dan Lamso nach eigenen Worten über »so viele Bäume«, dass er sie »gar nicht mehr zählen« könne. Als Ausdruck seiner Dankbarkeit überreicht er Rinaudo zwei Hähne, die lauthals protestierend auf der Ladefläche des gemieteten Geländewagens landen. Keine zwanzig Kilometer entfernt ist die Laune schon etwas gedrückter: Hier hat sich die Zahl der Bäume auf den Feldern der Dorfbewohner in den vergangenen zwei Jahren drastisch reduziert. Um ihre der Dürre zugeschriebenen Ernteverluste auszugleichen, verkauften die Kleinfarmer große Mengen an Holz. Wenigstens seien sie so einigermaßen glimpflich über die Runden gekommen, tröstet sich Rinaudo: »Bäume können wie ein Sparkonto sein, von dem man in schlechten Zeiten zehrt.«

Irritiert zeigt sich Rinaudo von den Zuständen in Sarkin Hatsi, wo er gleich zu Beginn des Besuchs von einer Frau angebettelt wird. »Geh auf dein Feld und kümmere dich um die Pflanzen und Bäume, dann brauchst du nicht zu betteln«, bekommt die Bittstellerin zu hören: Der ehemalige Missionar will keine Almosen verteilen, sondern Bedingungen verändern. »Ist das nicht Tony?«, ruft ein Mann vom Nebenhaus, dessen Arm in einer Schlinge steckt: Damani Idi verletzte sich beim Sturz vom Dach die Schulter. Der 58-Jährige stellt sich als einstiger Musterschüler Rinaudos heraus: Er ließ auf seinen Feldern Hunderte an Akazien sprießen und machte aus ihren Kernen Kaffee. Seinen Röstbetrieb habe er inzwischen allerdings eingestellt, erzählt Idi: Sein Sieb sei kaputtgegangen. »Ach, Unsinn!«, protestiert Rinaudo: Ein neues Sieb könne höchstens ein paar Euro kosten. Dann sei er eben zu faul gewesen, würgt der Farmer weitere Nachfragen ab – offensichtlich sucht der Vater von 13 Kindern (von denen sechs bereits gestorben sind) einer substanziellen Unterhaltung aus dem Weg zu gehen. Um herauszufinden, was in dem Dorf tatsächlich vor sich geht, würde er sehr viel mehr Zeit brauchen, als ihm jetzt zur Verfügung stehe, sagt Rinaudo. Festzuhalten ist zumindest, dass sich nicht alle Probleme einer Dorfgemeinschaft mit Bäumen lösen lassen.

Von allen besuchten Dörfern macht Tambara Sofoua den besten Eindruck: Hier hat die Bevölkerung sogar eine Bürgerwehr zum Schutz vor Baumdieben auf die Beine gestellt. Ein von der Hilfsorganisation World Vision bezahlter Fachmann ist außerdem damit beschäftigt, die unter dem sperrigen Begriff »Farmer Management Natural Regeneration« (FMNR) bekannt gewordene Methode Rinaudos noch zu verfeinern: Derzeit zeigt er den Kleinbauern, wie man anderen Bäumen die Triebe eines *Ziziphus mauritania* aufpfropft. Denn dessen Frucht, der »Pomme de Sahel« oder Sahel-Apfel, lässt sich auf dem Markt für gutes Geld verkaufen. Während seiner Zeit in Maradi experimentierte Rinaudo auch mit der Einführung nicht einheimischer Bäume. Wegen ihres schnellen Wachstums, ihrer Resistenz gegen die Dürre und den nährstoffreichen Kernen hatte es ihm vor allem die australische *Acacia colei* angetan, die bereits von der nigrischen Regierung ins Land geholt worden waren. Mit deren Kernen erzielten Kleinbauern beachtliche Erfolge: Baro Yacouba aus Kumbulla begeisterte seine Nachbarn mit Akazien-Spaghetti und Akazien-

Pfannkuchen. Rinaudo redet über das Thema allerdings nicht gerne: Denn unter einigen Wissenschaftlern stieß sein Baumimport auf scharfe Kritik. In fremder Umgebung hätten Bäume grundsätzlich nichts zu suchen, meinten die Bio-Fundamentalisten: Der »biologische Imperialismus« habe bisher nur Unheil angerichtet. Rinaudo ist die ideologische Debatte ein Graus. Es gebe keine »guten« oder »schlechten« Bäume, meint der Agronom: »Es kommt ausschließlich darauf an, wie man sie einsetzt und behandelt.«

Seen in der Wüste

Auf der Rückfahrt nach Maradi ziehen dunkle Wolken auf. Wenig später fängt es zu schütten an – und das noch vor der eigentlichen Regenzeit, die sich gewöhnlich eher zaghaft ankündigt. Einen derartigen Wolkenbruch habe er im Niger noch nie erlebt, schwärmt Rinaudo, während sich die Halbwüste um uns herum in eine Seenlandschaft verwandelt. Damals sei höchstens nachts Regen gefallen, fährt der Agrarexperte fort: Tagsüber sei es für Niederschläge vermutlich »zu heiß« gewesen, die vom hellen Sand reflektierte Hitze habe womöglich die Wolken vertrieben. Rinaudo ist überzeugt davon, dass sich der vermehrte Baumbestand auch auf das Mikroklima auswirkt. Er habe schon oft beobachtet, wie sich Wolken über erhitzten freien Flächen verziehen, während sie über kühleren Waldstücken abregnen. Noch steckt die mikroklimatische Forschung in den Kinderschuhen: Doch dass Bäume den Niederschlag beeinflussen, scheint inzwischen weithin anerkannt zu sein.

Tony Rinaudo freut sich, dass sein Besuch mit den ersten Niederschlägen der Saison zusammenfällt: So kann er sich, natürlich im Scherz, als Regenmacher brüsten. Wer die Afrika-Auftritte gönnerischer westlicher Besserwisser kennt, weiß Rinaudos Umgangsform mit Afrikanern zu schätzen: Er ist herzlich, ausgesprochen höflich und immer bescheiden. Ein besonderes Verhältnis verbindet ihn mit Joho, seinem ehemaligen Mitarbeiter, den er für unseren Besuch wieder als Fahrer angeheuert hat. Die beiden krümmen sich vor Lachen, als sie sich während der Fahrt an alte Zeiten erinnern – alles in Hausa, versteht sich. Joho ist stolz auf seinen weißen Beifahrer, den »Nasarra«: Fremden stellt er ihn als einen Mitarbeiter der Vereinten Nationen oder als einflussreichen Experten vor, der über das Ohr des Präsidenten verfüge. Leicht gequält lässt Rinaudo die Flunkerei großzügig durchgehen.

Zurück in Maradi wartet bereits eine Schar alter Bekannter am Tor zur Missionsstation: Sie wollen Rinaudo die Hand drücken, den Sohn vorstellen oder um Unterstützung für die Schulausbildung eines Enkels bitten. Früher war das Anwesen noch jedem zugänglich, heute wird er mit einer gut zwei Meter hohen Mauer geschützt. Dass sei sowohl der wachsenden Kriminalität wie dem sich verschlechternden Verhältnis zwischen radikalisierten Muslimen und der kleinen christlichen Minderheit zuzuschreiben, heißt es: Eine von Ereignissen anderswo in der Welt aufgebrachte Menschenmenge wollte die Missionsstation auch schon mal in Flammen setzen. Noch immer leben fünf Missionare aus Australien und den USA auf dem Anwesen: Sie sind allerdings in der Gesundheitsversorgung, nicht mit dem Pflegen von Bäumen beschäftigt.

Anderntags soll Rinaudo zu einem Livegespräch in die staatliche Radiostation kommen. Das Studio gleicht einer seit Jahren nicht mehr gereinigten Rumpelkammer: Latten hängen von der Decke, kaum eine Lampe funktioniert, wie ein braunes Laken hat sich eine schmierige Staubschicht über Möbel, Geräte und den Fußboden gelegt. Dafür läuft der australische Gast zur Hochform auf: Während des Gesprächs bricht die Studiobesatzung immer wieder in schallendes Gelächter aus. Die

Erheiterung sei vor allem seinem Gebrauch alter Sprichwörter zuzuschreiben, wird Rinaudo später erklären: Er habe sein Hausa mit einem archaischen Textbuch gelernt.

Trotz des vorsintflutlichen Zustands der Studioelektronik scheint das Gespräch tatsächlich auch irgendwie nach außen zu dringen. Ein Farmer nach dem anderen ruft an, die alle Rinaudos FMNR-Methode preisen. Nach Erhebungen von World Vision praktizieren allein im Maradi-Distrikt gegenwärtig Zigtausende von Kleinbauern die natürliche Regenerierung: Im ganzen Land sollen inzwischen wieder 200 Millionen Bäume stehen – statt der fünf Millionen Anfang der 1980er-Jahre. Kein Wunder, dass Rinaudo nach seinem Studiogespräch bester Laune ist: »Ich glaube, mein Traum ist in Erfüllung gegangen.«

Der Platinstandard

Verglichen mit Maradis sandbraunen Landschaften sind die Hügel um die südäthiopische Provinzstadt Sodo ein grünes Paradies: »Es ist der Goldstandard unserer Projekte«, sagt Tony Rinaudo. Wenige Kilometer außerhalb des Städtchens hat eine von World Vision angeregte Kooperative Setzlinge in einem umzäunten Areal von der Größe eines Fußballfeldes angepflanzt – daneben stehen Bienenstöcke, aus denen es wie unter einer Hochspannungsleitung summt. Zunächst hätten sie hier nur Nutzbäume wie Akazien und Grevilia hochgezogen, erzählt der Koop-Vorsitzende Berata Bassa: »Bis wir auf die Idee mit den Apfelbäumen kamen.« Diese stehen heute in allen Größen über das Areal verteilt: Manche kaum einen Meter hoch, andere schon mit reifen Früchten. Die Obstbäume seien bestens zu vermarkten, fährt Bassa fort: Sowohl ihre Setzlinge wie ihre Früchte bringen für äthiopische Verhältnisse gutes Geld ein – ein Kilo Äpfel umgerechnet fast einen Euro. Noch besser läuft das Geschäft mit dem Honig: Für den Bienensirup kann man fast EUR 2 pro Kilo erwarten. Dafür lässt sich der Koop-Chef gelegentlich auch mal von einer Biene stechen: Soeben hat sich wieder eine unter Hingabe ihres Lebens für den andauernden Honig-Klau gerächt.

Von der anderen Seite des Tals schallt das Bellen von Pavianen herüber – die Affen sind wie Leoparden, Adler und Warzenschweine die neuen Sorgenkinder der Kooperative. Mit der Wiederbewaldung kämen eben auch die wilden Tiere zurück, sagt Rinaudo: Sie machen sich über die Pflanzungen der Kleinfarmer her und reißen gelegentlich mal eine Ziege oder ein Kalb. Einige Farmer schlugen bereits vor, die Eindringlinge über den Haufen zu schießen. Doch andere erfuhren vom touristischen Wert der Tiere und plädieren nun für einen kleinen Naturpark. »Das ist Entwicklung wie aus dem Lehrbuch«, sagt Rinaudo: »Eine Errungenschaft baut auf der anderen auf.«

Die wilden Tiere sind nur die jüngste Generation der Probleme, die Rinaudo & Co auf dem Weg zum Goldstandard zur Seite räumen mussten. Andere hingen mit den Köhlern zusammen, die einst Humbos Nilpferdrücken kahl geschlagen hatten. Dass sie ihr zerstörerisches Werk unter der Schirmherrschaft der »Farmer Managed Natural Regeneration« nicht fortsetzen konnten, versteht sich von selbst: Für sie musste eine berufliche Alternative gefunden werden. Rinaudo und Kebede Asafa, sein Weggefährte von der äthiopischen Forstbehörde in Addis Abeba, boten den Köhlern eine alternative Ausbildung an: Sie konnten sich zu Schneidern oder Frisörinnen umbilden lassen und wurden zusätzlich noch mit einem kleinen Salon oder einer Nähmaschine ausgerüstet. Keiner der ehemaligen Holzbrenner scheint mehrere Jahre später den Karrierewechsel zu bereuen. Mit seiner Schneiderei verdiene er heute wesentlich mehr als zuvor, sagt der 24-jährige Wadu Henok: »Und es macht auch deutlich mehr Spaß.«

Schließlich stießen Sodo und Humbo sogar noch vom Gold- in den Platinstandard auf, indem sie auch aus ihren Wiederaufforstungserfolgen noch Kapital schlagen konnten. Humbo ist mit dem in Kyoto vereinbarten »Mechanismus für umweltverträgliche Entwicklung« verbunden, während Sodo seine Karbon-Kredite auf dem freien Markt verkauft. In beiden Fällen handelt es sich um einen internationalen Finanzausgleich zwischen industriellen Umweltsündern und Ökoinitiativen in Entwicklungsländern. Unternehmen aus den Industrienationen, die die Atmosphäre mit hohen Mengen an Kohlenwasserstoffen belasten, können ihre ökologischen Sünden mit Zahlungen an Projekten in Staaten des globalen Südens sühnen, die etwa zur Wiederaufforstung und damit zur Säuberung der Luft beitragen. Um sich an dem CO_2-Handel beteiligen zu können, muss sich ein Projekt allerdings erst einmal lizensieren lassen: ein bürokratischer Großaufwand, an dem mancher potenzielle Nutznießer bereits scheitert. Außerdem ist die Höhe der CO_2-Kredite großen Schwankungen unterworfen und derzeit eher niedrig. Kein Wunder, dass die Zahl der am CO_2-Handel beteiligten Wiederaufforstungsprojekte gegenwärtig ziemlich gering ist.

Immerhin haben allein die sieben Kooperativen in Humbo bis August 2017 insgesamt USD 554 681 eingenommen – für äthiopische Verhältnisse gigantische Summen. Das Geld wurde in einen Getreidespeicher, eine Maismühle und Bewässerungsanlagen investiert: lauter Bausteine für eine nachhaltige Entwicklung, die aus armseligen Hütten schließlich blühende Dörfer machen werden. »Ein tolles Ergebnis«, sagt Tony Rinaudo, warnt allerdings davor, in die Bargeldmaschine zu große Hoffnungen zu setzen: »Das lenkt nur vom eigentlichen Ziel der Wiederaufforstung ab und führt leicht zu enttäuschten Erwartungen.« Dagegen sorgen wiederhergestellte Ökosysteme kostenlos für nachhaltige Entwicklung – unabhängig von den Launen des CO_2-Handels.

Unterdessen breitet sich Rinaudos Methode allmählich über den gesamten Kontinent aus. Gemeinsam mit dem World Agroforestry Centre veranstaltete World Vision bereits FMNR-Konferenzen in Malawi und Kenia, zu denen Interessierte aus zahlreichen afrikanischen Staaten kamen: Sie waren von Rinaudos Vortrag dermaßen angetan, dass sie die natürliche Wiederaufforstung sogleich zu Hause ausprobierten. Mittlerweile wird FMNR in mehr als zwanzig Staaten des Kontinents praktiziert: Darunter auch im brottrockenen Somaliland, dem absoluten Härtefall. Wenn in Äthiopien der Platinstandard praktiziert wird, dann muss in Somaliland wohl vom Sandstandard gesprochen werden: Hier jagt eine Dürre die andere, mit höchstens 200 Millimeter Niederschlag fällt in der ostafrikanischen Halbwüstenregion selbst in normalen Jahren lediglich halb so viel Regen wie im Niger. »Sollte FMNR auch hier funktionieren«, sagt Rinaudo, »dann klappt es nahezu überall.«

Der Sandstandard

Ein kleiner Konvoi von Geländewagen brettert in sengender Hitze durch ein Terrain, das einer Mondlandschaft gleicht. Während der achtstündigen Holperfahrt von Somalilands Hauptstadt Hargeisa zum Roten Meer sind so gut wie keine Bäume und kaum ein grüner Farbton auszumachen: Dafür immer wieder Kinder, die am Pistenrand um Wasser betteln, oder Ziegen- und Kamelkadaver, für die jegliche Hilfe zu spät kommt. Ältere Bewohner der einstigen britischen Kolonie erinnern sich, dass auf den Hügeln ihres international nicht anerkannten Landes noch vor wenigen Jahrzehnten Bäume wuchsen und Tiere weideten. Doch längst haben die Köhler alles kahl geschlagen – außer ein paar Insekten ist hier kein wildes Tier mehr auszumachen. Holzkohle für den saudi-arabischen Markt herzustellen war eine der wenigen Tätigkeiten, mit denen Somaliländer Geld verdienen konnten: Jahr für Jahr sank der Baumbestand in dem Halbwüstenstaat um 1% – fast doppelt so schnell wie im afrikanischen Durchschnitt.

Vor uns taucht ein abgezäuntes Areal auf, dessen mannshohe Bäumchen schon von Weitem zu erkennen sind. Das Versuchsfeld sieht nicht gerade wie eine blühende Landschaft aus: Doch immerhin sind die vorsichtig beschnittenen Baumtriebe selbst in den zurückliegenden Dürrejahren weiter gewachsen – zwischen den Büschen wächst Gras, das die Dorfbewohner als Tierfutter und für die Dächer ihrer Hütten nutzen. Auch Bienenstöcke sind zu sehen, mit denen die Mitglieder der Kooperative noch im Vorjahr rund EUR 700 einnahmen: Inzwischen haben die Schwärme wegen der anhaltenden Trockenheit allerdings das Weite gesucht. »In westlichen Augen mag das schrecklich aussehen«, sagt Rinaudo: »Aber diese Büsche leben und werden beim ersten Regen ausschlagen.«

Nur wenige Kilometer entfernt hebt sich aus der trostlosen Landschaft plötzlich eine sattgrüne Oase ab: Hier experimentiert Ibrahim Muse Elim mit der FMNR-Methode. Der 56-jährige Farmer verfügt über Grundwasser, das er mit einer Pumpe aus zehn Meter Tiefe holt: Wegen der Dürre muss er Monat für Monat allerdings tiefer bohren. Am Rand seines Grundstücks hat Ibrahim ein kleines Gewächshaus für Setzlinge errichtet. Er hält die Ziegen mit improvisierten Zäunen aus dornigen Zweigen fern und lässt zwischen seinen Beeten Bäumchen wachsen. Im Glauben, dass die Bäume seinem Gemüse die Nahrung wegnähmen, habe er früher um sie herum nichts angepflanzt, erzählt der Farmer: Bis ihm Rinaudo zeigte, dass sich sein ungeschützter Boden zur Mittagszeit auf über 70 Grad erhitzt, während er im Schatten eines Baumes höchstens halb so heiß wird. Heute erntet Ibrahim fast doppelt so viel wie früher: Seine Familie isst dreimal am Tag, alle zehn Kinder gehen zur Schule, dem Ältesten konnte er kürzlich sogar seine Hochzeit finanzieren. Tony Rinaudo bückt sich zu einem Büschchen hinab, um ihm vorsichtig mit seinem abgenutzten Klappmesser die Seitentriebe zu beschneiden. »Wenn ich so etwas höre«, sagt der Waldmacher, »dann bin ich glücklich.«

Rinaudo-Festspiele in der nigrischen Maradi-Region: Wo der ehemalige Missionar auch immer auftaucht, wird er mit begeisterten »Tony, Tony«-Rufen empfangen.

S. 30, unten | **In der somalischen Stadt Hargeisa stellt er seine Wiederbegrünungspläne in einem Workshop vor.**

S. 31, oben | **In der Radiostation von Maradi beantwortet er Fragen zu seiner FMNR-Methode – in fließendem Hausa.**

World Vision
Basic Principles of FMNR
1
The first principle is that, very often the forest is already there, but it is underground and we simply need to give it a chance to get established. i.e. FMNR does not depend on tree planting.
2
The second principle is that selective pruning and thinning of this regrowth is very beneficial fo
the growth and the form (shape)
the trees. Correct pruning see
to stimulate rapid growth
results in taller, straighter, m
useful tree trunks being formed.
World Vision
FARMER MANAGING NATURAL REGENERA
& CLIMATE CHANGE CONFERENCE
"In Dhulkeenu wacnaado dhirta aan abaqaalno"
FACILITATOR

SS&K

Beschneidungsunterricht: Tony Rinaudo erklärt Farmern aus dem Dorf Tambara-Sofoua in der nigrischen Maradi-Region, wie Baumsprösslinge zu behandeln sind. Sein abgenutztes Klappmesser trägt er zu diesem Zweck stets mit sich in der Hosentasche.

Kein Baum, der nicht zuvor ein Sträuchlein war: Ein Farmer aus dem nigrischen Dorf Tambara-Sofoua pfropft einem Jujube-Baum den Ableger eines Sahel-Apfelbaumes auf (links oben), während Dorfchef Sule Lebo aus Dan Indo seinem Freund die jüngsten FMNR-Erfolge zeigt. Selbst im staubtrockenen Nordosten Somalilands gibt Tony Rinaudo die Hoffnung nicht auf (links unten).

Der Nilpferdrücken von Humbo –
vor dem FMNR-Projektstart, 2006

Der Nilpferdrücken von Humbo – sechs
Jahre nach dem Projektstart, 2012

48 8469

S. 40f. | Retour à la nature: Außerhalb des Dorfs Waye Kaye in der Maradi-Region säubern Farmer ihre Felder, ein Bauer pflügt seinen Acker wie seit Urzeiten mit einem Ochsen. Ein Händler schindet in Maradi seinen betagten Lieferwagen mit Erdnuss-Stroh, das als gutes Viehfutter gilt.

S. 42f. | Unterdessen hat sich das äthiopische Sodo zum Heidi-Land gemausert: mit Wäldern, Almen und Büschen wie aus dem Bilderbuch.

Und schließlich fließt auch das Wasser wieder. In regenerierten Landschaften steigt der Grundwasserspiegel an und füllt – wie hier beim Dorf Sarkin Hatsi in der nigrischen Maradi-Region – die Brunnen.

rechts unten | Im äthiopischen Sodo begannen nach der FMNR-Projektzeit sogar wieder zwölf zuvor ausgetrocknete Quellen zu fließen.

Die Entdeckung des unterirdischen Waldes

Tony Rinaudo

Auf dem Flug von der nigrischen Hauptstadt Niamey nach Maradi, einer rund 600 Kilometer weiter östlich gelegenen Provinz mit gleichnamiger Hauptstadt, beschlich mich eine seltsame Mischung aus Freude und Beklommenheit. 18 Jahre nachdem ich Maradi verlassen hatte – wo ich mit meiner Familie fast zwei Jahrzehnte lang lebte –, war dieser Besuch im Juni 2017 eine Art Heimkehr für mich. Einerseits freute ich mich darüber, alte Freunde wiederzusehen; andererseits war mir etwas bang ums Herz, weil ich damals in Maradi keine einfache Zeit hatte. Die Überzeugungsschlachten, die zu schlagen waren, kamen wieder in mir hoch und weckten alte Selbstzweifel. Würde es heute in Maradi anders aussehen? Würden die Menschen nach wie vor die Methode der »Farmer Managed Natural Regeneration« (FMNR) praktizieren, die wir hier entwickelt hatten? Als ich 1980 zum ersten Mal in den Niger kam, war ich 23 Jahre alt und hatte eben erst mein Studium der Agrarwissenschaften abgeschlossen. Ich war noch ziemlich naiv, dafür aber voll jugendlichem Enthusiasmus und Elan. Es gab so viel zu lernen über die Menschen in Maradi – über ihr Leben, ihre Sprache, ihre Kultur und Geschichte –, bevor ich mich überhaupt erst mit meinem eigentlichen Thema, der Regenerierung des Landes, befassen konnte.

Während meiner Zeit im Niger führten wir energiesparende Kocher ein, pflanzten Bäume (darunter Akazien mit essbaren Früchten), machten die Bevölkerung mit Maniok vertraut und legten kleine Gemüsegärten an. Wir propagierten einheimische, sich auf den versandeten Böden ausbreitende Pflanzen, gruben Latrinen, machten die Leute mit Mulchen und Kompostieranlagen vertraut – und etablierten die Farmer Managed Natural Regeneration zur Regenerierung des heruntergewirtschafteten Landes. Von all diesen Initiativen setzte sich langfristig nur FMNR durch. Sie wurde zu einer dauerhaft praktizierten Methode zur Bodenbewirtschaftung, die noch heute Bestand hat.

Während meines jüngsten Besuchs in Maradi fielen mir vor allem zwei Dinge auf. Einerseits stellte ich mit großer Genugtuung fest, dass die Bauern 34 Jahre nach Einführung des FMNR-Konzepts ohne jegliche Anreize noch immer die auf ihrem einst verödeten Land natürlich vorkommenden Baumarten hegen und pflegen. Zusammen mit der Freude, dem Stolz und der Würde, die sich in den Gesichtern der Menschen ablesen ließen, war das bereits Belohnung genug für den 18 Jahre langen Kampf gegen die Widerstände und »Geburtswehen«, die mit der Einführung von FMNR verbunden waren. Das Konzept hatte sich tatsächlich zu einem regulären Bestandteil der landwirtschaftlichen Praxis und des täglichen Lebens entwickelt. Bei FMNR geht es um wesentlich mehr als nur um positive Gefühle für Bäume. Diese sind vielmehr eine notwendige Grundlage der Ernährungssicherheit und der wirtschaftlichen Entwicklung.

Durch die Auswahl und die Pflege einheimischer Bäume wird die Fruchtbarkeit der Böden verbessert, werden große Hitze und starke Winde abgemildert, wird mehr Feuchtigkeit zurückgehalten, die dann den Pflanzen für ihr Wachstum zur Verfügung steht. Dies verringert die negativen Auswirkungen von Dürreperioden. In der Folge kann dadurch auch die Futterproduktion und damit die Nutztierhaltung gesteigert werden. Darüber hinaus wirken die Bäume wie eine Art Katastrophenschutzversicherung, auf die im Fall der sich mit großer Regelmäßigkeit einstellenden Naturkatastrophen zurückgegriffen werden kann. In Zeiten großer Trockenheit, wenn es zu Ernteausfällen kommt, können die Bauern zumindest die Früchte der Bäume ernten oder notfalls den Baum fällen, um sich nach dem Verkauf des Holzes Nahrungsmittel leisten zu können.

Die FMNR-Methode kann auch als Sprungbrett für weitere wirtschaftliche Entwicklung dienen. So wird durch die Rückkehr blühender Baumarten wieder eine einträgliche Bienenzucht ermöglicht. Bestimmte einheimische Baumarten, wie der Jujube-Baum oder die Wildobstbaumart *Ziziphus mauritania,* können mit verbesserten Sorten, auch unter der Bezeichnung »Apfel des Sahel« bekannt, veredelt werden. Für solch höherwertiges Obst kann man auf dem Markt auch einen höheren Preis erzielen. Während meiner Zeit in Niger hatte ich leider nicht genügend Zeit, um diesen nützlichen Effekt von FMNR in vollem Umfang weiterzuentwickeln. Daher war es für mich zutiefst befriedigend zu sehen, dass die Mitarbeiter von World Vision auf den vorhandenen Grundlagen aufbauten, um etwa die Bienenzucht einzuführen oder die Veredelung von Nutzpflanzen voranzubringen. Ich reiste aus Niger mit dem tiefen Gefühl der Freude wieder ab, dass Gott gerade mich ausgesucht hatte, um den Menschen in diesem Land zu einem besseren Leben zu verhelfen. Die Freude in den Gesichtern der Menschen ist mir im Gedächtnis geblieben – und meine nagenden Selbstzweifel verstummten nach und nach.

Wie alles anfing

Ich wuchs im malerischen Ovens Valley in Australien auf. Dort sah ich mit eigenen Augen die Geringschätzung für die heimatliche Umwelt und erfuhr aus den Medien von der weltweiten Umweltzerstörung im Namen des Fortschritts. Ich lernte außerdem, dass Kinder in meinem Alter, die das Pech hatten, auf der anderen Seite des Erdballs geboren worden zu sein, hungrig zu Bett gehen mussten. Ich war empört darüber und fühlte mich machtlos. Ich erinnere mich daran, wie ich als Kind in der Hoffnung betete, dass meine Gebete irgendwo Gehör finden mögen und sich die Dinge zum Guten wenden.

Ein ganz alltägliches Ereignis ließ in mir den Entschluss reifen, mich für den Erhalt von Bäumen einzusetzen. Damals begleitete ich meinen Vater oft bei seinen Besuchen auf Farmen, wo er gewöhnlich Landmaschinen reparierte. Eines Tages besuchten wir einen Farmer, der einen großen Stapel alter Bücher in seiner Tabakscheune gelagert hatte. Ich stöberte ein wenig in diesen Büchern herum und wurde vor allem von zwei Bänden angesprochen: »I Planted Trees« und »Sahara Conquest« von Richard St. Barbe Baker. St. Barbe Baker war ein internationaler Umweltaktivist aus Hampshire in England. Er setzte sich für den Erhalt von Urwäldern sowie für die nachhaltige Bewirtschaftung und Nutzung von Bäumen ein. Ich las seine Bücher von vorne bis hinten durch und fühlte mich von dem Gedanken angespornt, dass es durchaus Erwachsene zu geben schien, die von der Zerstörung der Umwelt nicht kaltgelassen blieben und denen die Bedeutung von Bäumen bewusst war. Entwaldung war also keine unvermeidliche Folge des Fortschritts. Man müsste nur etwas unternehmen, dann könnte die Zerstörung gestoppt werden.

»Der Mensch kann ohne Gold leben, aber nicht ohne Holz«, schrieb Baker in »I Planted Trees«, und weiter: *»Holz ist notwendig für ein zivilisiertes Leben. Deshalb ist Holz eine wesentliche Grundlage jeder Zivilisation. Der höchste Wert, den Bäume haben, ist wahrscheinlich deren wohltuende Wirkung auf die Lebewesen, die Gesundheit, das Klima, den Boden und den Wasserhaushalt eines Landes (Niederschläge und Wasserläufe). Zudem*

sind Bäume eine Zierde der Landschaft, sie spenden Schatten für Mensch und Tier, schützen die Feldfrüchte vor Wind und Sturm und halten das Wasser im Boden, sodass es vom Menschen genutzt werden kann. Die heutigen Wüsten haben wir dem Raubbau an den Wäldern in der Vergangenheit zu verdanken. Denn wenn die schützende Waldbedeckung von der Erdoberfläche verschwindet, dann sinkt der Grundwasserspiegel ab [...] Und wenn der Wald verschwindet, dann versiegen die Gewässer, die Fisch- und Wildbestände schwinden, die Ernten fallen aus, Huf- und Federvieh siechen dahin und die landwirtschaftlichen Nutzflächen veröden. Und dann schleichen sich die alten Geißeln der Menschheit wieder ein – eine nach der anderen: Sintfluten, Dürren, Feuersbrünste, Hunger, Pestilenz.«

Mit dieser wortgewaltigen Mahnung im Kopf nahm ich später ein Studium der Agrarwissenschaften auf. An der Universität lernte ich meine Frau Liz Fearon kennen, die wie ich davon überzeugt war, zu einem besonderen Dienst berufen zu sein. Nach dem Studium heirateten wir, absolvierten einen Bibel- und Missionskurs und traten schließlich in die Dienste der internationalen christlichen Hilfsorganisation »Serving in Mission« (SIM). Die SIM ist eine evangelische, interkonfessionelle Missionsorganisation, die 1893 gegründet wurde und in mehr als 70 Ländern aktiv ist. Wir wurden mit einem Projekt in der Republik Niger in Westafrika betraut.

Als wir 1980 in Maradi ankamen, lebten wir auf dem Anwesen der Mission am Stadtrand. Dort stand uns abends vier Stunden lang ein Stromgenerator zur Verfügung, der für Licht sorgte und Ventilatoren betrieb. Außerdem konnten wir mit dem Generator Wasser aus einem nahe gelegenen Brunnen pumpen. Für immer wird mir in Erinnerung bleiben, dass wir unsere Bettlaken vor dem Schlafengehen mehrmals befeuchteten, um die Matratzen so weit abzukühlen, dass wir schlafen konnten.

Ich war von dem ungeheuren Ausmaß der Umweltzerstörung schockiert, wie wir sie in Maradi vorfanden. Und ich fragte mich, ob ich – eben erst von der Universität gekommen und noch ohne jegliche praktische Erfahrung – überhaupt in der Lage sein würde, an den Verhältnissen vor Ort etwas zu ändern. Ein Großteil der Gehölzvegetation, die es hier nur zwanzig oder gar zehn Jahre vor meiner Ankunft noch gegeben hatte, war verschwunden, zum größten Teil abgeholzt von den Bauern. Nach mehreren Dürren in Folge hatten die Menschen aus purer Verzweiflung auch noch die letzten Bäume gefällt, um das Holz zu verkaufen und so wenigstens die wesentlichsten Grundbedürfnisse abdecken zu können. Statistisch betrachtet, gab es in der Gegend durchschnittlich noch vier Bäume pro Hektar Land. Heute schätzen wir, dass auf den landwirtschaftlichen Nutzflächen des Niger ohne Weiteres 100 Bäume pro Hektar unterhalten und gleichzeitig Ertragssteigerung bei den einjährigen Kulturen realisiert werden können – je nach Baumarten und den von den Bauern angewandten Baumpflegemethoden.

Als der Niger im Jahre 1960 die Unabhängigkeit erlangte, zählte die Bevölkerung der ehemaligen französischen Kolonie noch weniger als 3,4 Millionen Menschen. Als ich 1980 ins Land kam, hatte die Bevölkerungszahl nicht ganz 6 Millionen erreicht. Bis 1984 stieg die Bevölkerung dann auf 6,72 Millionen Menschen an. Die Städte wuchsen rasant und mit ihnen auch die Nachfrage nach Brennholz. In den zehn Jahren nach 1977 nahm Maradis Bevölkerung von 45 000 auf 110 000 Einwohner zu. Die Menschen auf dem Land waren arm und hatten kaum Möglichkeiten, Einkommen zu erzielen. So kam es, dass Bäume in Gegenden, wo diese noch relativ zahlreich vorhanden waren, allein schon aus finanziellen Gründen geschlagen wurden. Außerdem wuchs die ländliche Bevölkerung ständig weiter an, und die Brandrodungszyklen wurden immer kürzer (damit sind die Zeiträume gemeint, während derer eine landwirtschaftlich genutzte Fläche brach gelassen wird, um sich regenerieren zu können). Diese Entwicklung erreichte schließlich ein derartiges Ausmaß, dass landwirtschaftliche Nutzflächen praktisch überhaupt nicht mehr brach gelassen wurden – oder höchstens noch Felder, die bereits dermaßen ausgelaugt waren, dass sie unter den vorherrschenden einfachen Landbaumethoden nicht mehr lohnend bewirtschaftet werden konnten.

Entwaldung ist die erste Vorstufe der Landverödung und Wüstenbildung. Schätzungsweise 74% des Weidelandes und 61% der durch Regen versorgten Anbauflächen in Afrikas Trockengebieten sind aktuell durch mäßige bis sehr schwere Landverödung geschädigt. Dieses Phänomen tritt auf allen Kontinenten mit Ausnahme der Antarktis auf und beeinträchtigt die Lebensgrundlage von Millionen Menschen, darunter einem Großteil der verarmten Bevölkerung in den Trockenregionen der Erde. Diese Regionen machen 41% der Erdoberfläche aus, in denen mehr als 2 Milliarden Menschen leben. Das entspricht einem Drittel der gesamten Weltbevölkerung im Jahr 2000. Diese Trockenregionen umfassen sämtliche Gebiete der Erde, in denen die Wasserknappheit der Produktion von Feldfrüchten, Futtermitteln, Holz und sonstigen landwirtschaftlich wichtigen Ökosystemfunktionen Grenzen setzt. Die Landverödung hat direkten Einfluss auf die Anfälligkeit einer Region für Dürren, Überflutungen, Erdrutsche, die Ausbreitung von Schädlingen und den Ausbruch von Epidemien.

Der Verlust fruchtbarer Böden und ihrer Vegetation trägt außer zur Wüstenbildung auch zum globalen Klimawandel bei. Die Böden in den Trockenregionen binden über ein Viertel aller organischer Kohlenstoffvorräte der Erde und nahezu alle anorganischen Kohlenstoffvorräte. Schätzungen zufolge werden durch die Wüstenbildung jedes Jahr rund 300 Millionen Tonnen Kohlenstoff aus den Trockenregionen der Erde in die Atmosphäre abgegeben – dies sind etwa 4% aller auf der Erde ausgestoßenen CO_2-Emissionen. Die Entwaldung wirkt sich unmittelbar und in negativer Weise auf das Leben von Millionen Menschen aus.

Umgekehrt kann die Wiederaufforstung von Ödland ein wirkungsvolles Instrument sein, um die Lebensbedingungen der Schwächsten dieser Welt nachhaltig zu verbessern. Die Wiederherstellung einer geschlossenen Vegetationsdecke führt zur Verbesserung der mikroklimatischen Bedingungen, zu gesteigerter Bodenfruchtbarkeit, einer Verringerung der Häufigkeit und des Ausmaßes von Überschwemmungen sowie von Dürreschäden. Darüber hinaus vergrößert die Landregenerierung die Ernährungssicherheit, stellt oft versiegte Wasserquellen wieder her und bietet die Grundlage für eine größere Widerstandsfähigkeit gegen Naturkatastrophen. Nicht zu vernachlässigen sind schließlich die positiven Effekte für die wirtschaftliche Entwicklung der Region sowie eine Diversifizierung der Einkommensquellen der betroffenen Menschen.

Die erschreckende Realität

Nachdem ich meine Arbeit in Niger aufgenommen hatte, fragte ich mich oft, wie es dazu kommen konnte, dass derartig große Teile des Landes in einem solchen Ausmaß verwüstet wurden. Heute weiß ich, dass es dafür viele Gründe gibt. Die meisten nigrischen Bauern betrachteten Bäume auf ihren Feldern als »Unkraut«, das es zu beseitigen galt: Schließlich konkurrierten die Bäume mit den Nutzpflanzen um die Nährstoffe. Außerdem waren die Leute davon überzeugt, dass die Bäume Körner fressende Vögel anzögen: Etwas, von dem kein

Landwirt begeistert sein kann, vor allem, wenn er ohnehin bereits am Rande des Hungers lebt. Vor der Kolonialzeit betrieben die Menschen im Niger Hackfeldbau von Hand, und für die Mehrheit der armen Bauern galt dies auch noch während der Kolonialherrschaft. Erst im Lauf der vergangenen Jahrzehnte konnten sich einige Landwirte auch Ochsen-Pflüge leisten: Sie suchten dann erst recht sämtliche Hindernisse auf den Feldern wie Bäume oder Baumstümpfe aus dem Weg zu räumen, damit die Ochsen ungehindert ihre Bahnen ziehen konnten.

Schließlich hatten die Kolonialherren in Afrika das Konzept der Monokultur eingeführt. »Wenn ihr in effizienter Weise große Mengen produzieren und ernten wollt, dann müsst ihr für eure bevorzugten Nutzpflanzen ideale Bedingungen schaffen«, predigten die Europäern ihren Untertanen. Während der Kolonialzeit entwickelte sich die Provinz Maradi zu einem wichtigen Zentrum des Erdnussanbaus. Aus dieser Epoche ist noch eine große Ölmühle erhalten, die allerdings fast das ganze Jahr über stillsteht. Zur Expansion des Erdnussanbaus wurden groß angelegte Erweiterungsprogramme aufgelegt, in denen die Felder mit von Eseln und Ochsen gezogenen Pflügen bestellt und Pflanzmaschinen eingesetzt wurden. Den Farmern wurde erzählt, dass der »moderne Bauer« Bäume und Baumstümpfe von seinen Feldern abräumt, um die Bewirtschaftung einfacher zu machen und die Erdnussernte zu steigern.

Ein Landwirt im senegalesischen Erdnuss-Becken erzählte mir einmal, er erinnere sich noch genau an den Tag, an dem sich sein Leben für immer veränderte. Damals fand auf dem Dorfplatz eine Versammlung statt, auf der ein Agrarvertreter den Bauern Pflanzmaschinen und Pflüge vorstellte, die auf Kredit zu erstehen waren. Von diesem Tag an war es Aufgabe des Bauernjungen, mit anderen jungen Männern aus dem Dorf die Bäume auf den Feldern abzuhacken und Baumstümpfe und Wurzeln zu entfernen. In den 1970er-Jahren gab es im Rahmen des Maradi Productivity Projects ein ähnliches Programm zur Intensivierung und Modernisierung der Landwirtschaft, das ebenfalls die Entfernung der Bäume aus den Feldern vorsah. In der Folge wurden einerseits diejenigen an den Pranger gestellt, die keine moderne Landwirtschaft praktizierten, sprich die keine Bäume fällten und keine Zugtiere auf den Feldern einsetzten. Andererseits wurde den sehr armen Bauern ein nahezu unwiderstehliches Kreditangebot unterbreitet, das ihnen einen Weg aus der Armut bahnen sollte.

Alle diese Einstellungen und Praktiken hatten zusammengenommen die fast völlige Zerstörung der Baum- und Strauchbestände in den landwirtschaftlich genutzten Regionen des Nigers zwischen den 1950er- und 1980er-Jahren zur Folge. Das Abholzen der Wälder verschlimmerte die Auswirkungen der regelmäßig wiederkehrenden Dürren, der starken Winde, hohen Temperaturen, der ausgelaugten Böden sowie den von Schädlingen und Krankheiten befallenen Nutzpflanzen und Nutztieren. In Kombination mit einem rasanten Anstieg der Bevölkerung und der Ausbreitung der Armut trugen diese Probleme zu chronischer Unterernährung und regelmäßig wiederkehrenden, schweren Hungersnöten bei. Die große Hungersnot Mitte der 1970er-Jahre löste eine weltweite Reaktion aus und veranlasste Hilfsorganisationen und Regierungen, das Aufhalten der Wüstenausbreitung zur höchsten Priorität zu machen.

Nach meiner Ankunft im Niger übernahm ich ein kleines Wiederaufforstungsprojekt, das allerdings bis dahin nicht viel bewirkt hatte. Das Projekt umfasste die Aufzucht von Baumsetzlingen, teils in einer zentralen Baumschule, teils in kleinen Baumschulen in den Dörfern. In der Regel gingen die frisch gepflanzten Bäume allerdings schnell wieder ein – aufgrund mangelnder Pflege, Tierverbiss, Wassermangel, Sandstürmen oder Termitenbefall. Das größte Handikap und die wesentliche Ursache für den Misserfolg war allerdings die Gleichgültigkeit der Bevölkerung gegenüber der Idee einer Wiederaufforstung oder gar deren offene Ablehnung.

Mir war völlig unverständlich, wie sich Leute aktiv gegen das Pflanzen von Bäumen stellen konnten. Einige dachten wohl, wir wollten uns über Gott stellen, in dem wir Bäume pflanzten: »Es ist Gottes Werk. Und wenn Gott Bäume will, dann wird er sie schon selbst pflanzen!«, hieß es zuweilen. Andere vertraten die Ansicht, dass ihnen Bäume auf dem Acker nichts als Ärger einbringen würde – sowohl mit den Behörden wie mit den Leuten, die ihnen die Setzlinge stehlen würden. In der Tat war das Fehlen gesetzlicher Regelungen zur Durchsetzung von Baumschutzmaßnahmen und zur Abwehr von Baumdiebstahl kein Anreiz dafür, sich um das Pflanzen von Bäumen zu kümmern. Darüber hinaus waren die Leute der Ansicht, dass frisch gepflanzte Bäume ihren Eigentümern zumindest zu deren Lebzeiten keine angemessene Rendite bieten würden. Sie wüchsen zu langsam, schmälerten auf den Ackerflächen die Erträge und beeinträchtigten das Wachstum der Feldfrüchte noch zusätzlich durch Verschattung. Das Problem mit solchen vermeintlichen Selbstverständlichkeiten ist, dass sie sich hartnäckig halten, selbst wenn sie sich als unzutreffend oder zumindest nicht unter allen Umständen als zutreffend erweisen. Unter solchen Vorzeichen finden Vorstellungen kaum Gehör, die diese eingefahrenen Ansichten infrage stellen.

Trotzdem führte ich auf der Suche nach Lösungen intensive Literaturrecherchen durch, informierte mich ausgiebig und experimentierte mit verschiedenen Baumpflanzmethoden. Ich suchte den Ehrgeiz der Dorfbewohner mit allen Mitteln zu wecken, krempelte die Ärmel hoch und packte auf den Feldern selbst mit an. In meiner Verzweiflung versuchte ich es manchmal sogar mit dem plumpen Mittel der »Bestechung«, um die Leute dazu zu bringen, die Bäume lange genug wachsen zu lassen, bis sie den Nutzen für sich selbst erkannten und auch ohne mein Zutun die aufgezeigten Methoden fortführten. Diese Art von Anreiz ist allerdings ein schlechter Ersatz für eine fundierte Begleitung der Menschen auf ihrem Erkenntnisweg. Trotz aller Bemühungen funktionierte keiner meiner Versuche auf kosteneffiziente und nachhaltige Weise. Für viele Menschen war ich lediglich der »verrückte weiße Farmer«, und meine Ideen waren einfach nur Unsinn. Der Gründer von IBM, Charles Ranlett Flint, wurde einmal gefragt, welches Rezept er für seinen geschäftlichen Erfolg habe. »Strengen Sie sich doppelt so viel an«, soll er geantwortet haben. »Auch wenn es dann noch öfter schiefgeht.« Die Erfolgsgeschichte meiner FMNR-Methode folgte vielen fehlgeschlagenen Versuchen, die Landverödung im Niger rückgängig zu machen.

Obwohl Regierung und Nichtregierungsorganisationen im Niger Millionen von US-Dollar und Tausende von Arbeitsstunden in die Wiederaufforstung investierten, war das Gesamtergebnis bescheiden. Herkömmliche Ansätze zur Wiederaufforstung trafen auf unüberwindliche Probleme und waren darüber hinaus kosten- und arbeitsintensiv. Selbst in den Baumschulen, in denen man eigentlich die Setzlinge im Blick zu haben schien, wurden diese regelmäßig von Ziegen, Fröschen, Heuschrecken, Termiten und Vögeln zerfressen. In der ansonsten kargen Landschaft zogen diese grünen Oasen hungrige Kreaturen von nah und fern an. Und kaum hatten wir die jungen Bäume ausgesetzt, machten Trockenheit, Sandstürme, Schädlinge, Unkrautüberwucherung und Zerstörungen durch Menschen und Tiere alle unsere Bemühungen wieder zunichte. Da nur wenige Dorfgemeinschaften Waldland besaßen und nur wenige Einzelpersonen die Idee der Wiederbepflanzung aufgriffen, entwickelten sich keine spontanen Eigeninitiativen der Bevölkerung zur Regenerierung des Landes. Unterdessen verschwanden immer mehr einheimische Baumarten in atemberaubendem Tempo. Staatliche Forstwirtschaftsgesetze waren ineffektiv, weil sie den Menschen vor Ort das Eigentum an Bäumen und die Verantwortung für die Waldpflege vorenthielten und diese stattdessen schlecht ausgestatteten staatlichen Stellen überließen.

In einigen afrikanischen Ländern überstieg die Entwaldungsrate die Wiederaufforstungsrate um 3000%. Obwohl im Niger Millionen von US-Dollar für Baumschulen, Pflanzprojekte, Pflege der Pflanzungen, Einzäunungen und den Schutz von Setzlingen ausgegeben wurden, erzielten nur wenige Projekte bleibende Erfolge. Schätzungen zufolge wurden im Niger in einem Zeitraum von 12 Jahren rund 60 Millionen Bäume gepflanzt – von denen weniger als 20% überlebten. Obwohl Wiederaufforstungsmaßnahmen mittels konventioneller Baumpflanzungen unwirksam und unwirtschaftlich waren, schien diese Methode zum Aufhalten der Wüstenausbreitung damals alternativlos zu sein. Trotz der absehbaren Misserfolge wurde Jahr für Jahr der gleiche Ansatz wiederholt. Die Akteure, darunter anfangs auch ich selbst, taten, was wir für das Beste hielten. Wir versäumten allerdings, unsere Annahmen infrage zu stellen.

In einer persönlichen Schilderung seiner Erlebnisse aus der Zeit der schweren Dürrekatastrophe, die den amerikanischen mittleren Westen in den 1930er-Jahren heimsuchte, sagte ein Zeitzeuge einmal: *»Man dachte immer, dass der nächste Tag Besserung bringen würde. Wir suchten unser Leben so gut es ging und wie gewohnt weiterzuführen. Man dachte, vielleicht etwas unternehmen zu können, das die Dinge etwas verbessern würde. Doch etwas ganz anderes probierten wir nicht aus. Statt-*

dessen packten wir die Dinge auf die althergebrachte Weise an, nur noch etwas verbissener. Gebracht hat dies nichts.« Im Großen und Ganzen taten wir im Niger genau dasselbe: Wir wandten immer wieder dieselben Methoden an – noch verbissener, und ohne dass wir spürbare Erfolge erzielten.

Die Entdeckung

Nach zweieinhalb Jahren wachsender Frustration war ich kurz davor aufzugeben und die Heimreise anzutreten. Eines Tages fuhr ich wieder einmal mit einer Ladung Baumsetzlingen von Dorf zu Dorf. Meine Moral hatte einen Tiefpunkt erreicht. Die Hoffnungslosigkeit der gesamten Situation lastete schwer auf mir. Ich hielt den Wagen an, um Luft aus den Reifen zu lassen, weil das Fahrzeug so leichter durch den Sand zu manövrieren ist. Mein Blick streifte über die karge Landschaft: Nord, Süd, Ost, West, so weit ich sehen konnte, nur leeres, windgepeitschtes Land, auf dem so gut wie kein Baum mehr wuchs. Mir wurde bewusst, dass mir weder ein millionenschweres Budget noch viele Jahre Zeit oder Hunderte von Projektmitarbeitern etwas nützen würden: Wenn ich an denselben alten Methoden festhielte, würde ich nie auf einen »grünen Zweig« kommen.

Dessen ungeachtet hatte ich noch immer das Gefühl, dass mich die Vorsehung im Niger festhielt. Glaube spielte bei meinen Entschlüssen immer schon eine große Rolle, weswegen ich auch in diesem Tiefpunkt um höhere Hilfe bat. Um es kurz zu machen: Ich bat Gott um Vergebung dafür, dass der Mensch die unschätzbare Gabe seiner wunderschönen Schöpfung zerstört – dies in der Erkenntnis, dass ein Großteil des Leids und des Hungers, das den Menschen hier widerfährt, unmittelbar mit der Zerstörung der natürlichen Umwelt zusammenhängt. Also bat ich Gott, mir die Augen zu öffnen und mir einen Wink zu geben, was ich noch tun könnte.

An jenem Tag betrachtete ich zum ersten Mal bewusst einen der überall auf den verheerten Böden wachsenden kleinen Büsche. Ich hatte diese Büsche zwar schon unzählige Male gesehen, hatte mir aber noch nie Gedanken über deren Herkunft und Bedeutung gemacht. An diesem Tag ging ich jedoch zu einem der Büsche hin, um ihn mir etwas genauer anzusehen. Als ich seine Blätter betrachtete, wurde mir klar, dass dies kein kleines banales Gewächs war, sondern eine Baumart. Der Baum war vor Längerem gefällt worden, und aus seinem Stumpf wuchsen jetzt neue Triebe heran. In diesem Augenblick wurde mir klar, dass hier die Lösung lag, nach der ich so lange gesucht hatte – und sie hatte sich die ganze Zeit direkt vor meiner Nase befunden!

Das Land war übersät mit Millionen ähnlicher »Büsche«. Demzufolge existierte in dieser scheinbar kargen Landschaft direkt unter der Erdoberfläche ein großflächiges Wurzelwerk, ein »unterirdischer Wald«. Alljährlich wuchsen aus diesen Baumstümpfen neue Äste bis zu einer Länge von etwa einem Meter heran. Doch spätestens dann wurden die Zweige von den Bauern der Gegend abgeschlagen und entweder in Vorbereitung der Aussaat auf den Feldern zu Düngerasche verbrannt oder als Brennholz mit nach Hause genommen. Solange diese vermeintlichen Büsche regelmäßig abgeschnitten und verfeuert wurden, hatten sie natürlich keine Chance, wieder zu Bäumen heranzuwachsen. Auf diese Weise blieb der »Wald« im Untergrund versteckt.

Wird ein Baum gefällt, stirbt bei den meisten Baumarten der größte Teil der Wurzelmasse nicht ab: Die Fähigkeit, dass aus dem Baumstumpf schnell neue Triebe nachwachsen, bleibt so erhalten. Der Stumpf und die verbliebenen Wurzeln im Boden stellen den Zugang zu Nährstoffen, zu Feuchtigkeit und zu den darin gespeicherten reichhaltigen Vorräten an Stärke sicher. Wir unterschätzen gewöhnlich das Potenzial der aus den Stümpfen sprießenden Trieben. Deren Wachstum kann durch gezieltes Auswählen und Beschneiden der stärksten austreibenden Äste und durch das Zurückschneiden überschüssiger Triebe noch beschleunigt werden.

Die Entdeckung des »unterirdischen Waldes« änderte schlagartig den einzuschlagenden Weg. Fortan ging es bei der Frage nach der Wiederaufforstung für mich und mein Team nicht mehr darum, die richtige Technik oder genügend Geld, Personal oder Zeit zur Verfügung zu haben. Es ging nicht einmal darum, die weitere Ausbreitung der Sahara zu bekämpfen oder etwas gegen Tierverbiss und Dürre zu unternehmen. Vielmehr bestand die Herausforderung nun darin, tief sitzende Überzeugungen, Einstellungen und Praktiken der Menschen infrage zu stellen und sie davon zu überzeugen, dass es in ihrem besten Interesse ist, zumindest einige dieser »Büsche« stehen und wieder zu Bäumen heranwachsen zu lassen. Wenn es der Mensch war, der die Wälder zerstörte und eine verödete Landschaft hinterließ, dann musste der Mensch auch dazu gebracht werden, den angerichteten Schaden wiedergutzumachen. Dazu gehörte, dass irrige Überzeugungen, Einstellungen und Praktiken durch aufrichtige, wohlmeinende und geduldige Überzeugungsarbeit infrage gestellt werden.

Ich habe oft über meine »Offenbarung« nachgedacht. Warum war mir nicht bereits früher aufgefallen, was es mit diesen scheinbaren Büschen auf sich hat? Warum haben wesentlich höher qualifizierte und besser bezahlte Leute als ich die Bedeutung dieser »Büsche« nicht erkannt? Ich bin mittlerweile der Überzeugung, dass sämtliche Bemühungen zur Lösung eines Problems vergebens sind, wenn die eigenen Annahmen hinsichtlich der Herangehensweise an dieses Problem schon von Anfang an falsch sind. Man läuft dann Gefahr, Lösungen zu übersehen, die einem sprichwörtlich zu Füßen liegen. Wie alle anderen war auch ich bis dahin davon ausgegangen, dass die ursprüngliche Baumvegetation auf Nimmerwiedersehen verschwunden war und dass der einzig gangbare Weg im Anpflanzen neuer Bäume bestand. Ich ging aufgrund meiner eher oberflächlichen Beobachtungen außerdem davon aus, dass einheimische Baumarten nur langsam wachsen und im Vergleich zu eingeführten Arten von geringerem Wert sind. Und schließlich war ich überzeugt davon, dass die Sahara weiter nach Süden vorstößt.

In Wahrheit bestand gar keine Notwendigkeit, Bäume neu zu pflanzen. Sie waren vielmehr schon millionenfach vorhanden, aber eben unsichtbar im Boden versteckt – in Form vergrabener Baumstümpfe, Wurzeln und Samen. Einheimische Baumarten besitzen, wie bereits erwähnt, die Eigenschaft, sehr schnell wachsen zu können, vor allem, wenn ein Trieb aus dem Stumpf eines abgeholzten Baums herauswächst. Außerdem kommen einheimische Baumarten im Gegensatz zu vielen eingeführten Arten mit den lokalen Bedingungen besser zurecht. Es ist zwar zutreffend, dass die meisten einheimischen Bäume im Niger kein hochwertiges Papierholz liefern. Doch dafür kommen sie bestens als Brennstoff infrage, ihre Blätter eignen sich als Tierfutter, und schließlich können aus ihnen medizinische Wirkstoffe, Farbstoffe, Seile und Düngemittel gewonnen werden. Darüber hinaus bremsen Bäume den Wind, mildern die Hitze ab und tragen zur Fruchtbarkeit des Bodens bei. Wie sich herausstellte, kämpften wir nicht gegen die Ausbreitung der Wüste an, sondern gegen die Überzeugungen und Gewohnheiten der Menschen bei der Nutzung ihres Landes. Von den richtigen Annahmen auszugehen ist für die Herangehensweise an ein Problem und eine mögliche Lösung entscheidend.

Die aus meiner Entdeckung hervorgegangene Farmer Managed Natural Regeneration ist eine günstige und schnelle Methode, eine geschlossene Vegetationsdecke wiederherzustellen. Sie kann auch für die Regenerierung großer Landflächen angewendet und an unterschiedliche Landnutzungssysteme angepasst werden. Diese Art der Landregenerierung ist einfach in der Anwendung und kann den individuellen Erfordernissen der einzelnen Bauern angeglichen werden. FMNR bietet eine Vielzahl von Vorteilen für den Menschen, die Nutztierhaltung, den Feldfruchtanbau und die Umwelt. Durch das Praktizieren der natürlichen Landregenerierung haben Ackerbauern, Nutztierhalter und Dorfgemeinschaften, die von der Waldwirtschaft leben, ihre eigenen Ressourcen unter Kontrolle, ohne dass sie von extern finanzierten Projekten abhängig sind oder teure Investitionen für Saatgut, Düngemittel oder Baumsetzlinge erfordern. Der Reiz von FMNR liegt in seiner Einfachheit und Machbarkeit selbst für die Ärmsten der Bauern. Und wenn diese Methode erst einmal breitere Akzeptanz erlangt hat, setzt eine Eigendynamik ein, die die Methode mittels Mundpropaganda von Bauer zu Bauer weitergibt.

Die Methode ist nicht wirklich neu. Sie ist eine Variante der sogenannten Niederwaldwirtschaft, bei der die Bäume regelmäßig zurückgeschnitten werden. Diese Form der Waldwirtschaft hat in Europa eine über 1000-jährige Geschichte, Beispiele finden sich in den verschiedensten Teilen der Welt. Für den überwiegenden Teil der heutigen Landbevölkerung im Niger war die Methode allerdings neu. Ich selbst hatte zwar zu Hause in Australien beobachtet, dass aus abgeholzten Eukalyptusstümpfen nach gewisser Zeit wieder Triebe sprießten. Es kam mir jedoch lange nicht in den Sinn, eine Verbindung zwischen dieser Beobachtung und den scheinbar nutzlosen Büschen auf dem afrikanischen Farmland zu ziehen. Ich hatte nicht nach einer Lösung des Problems im Ackerboden gesucht. Vielmehr war ich von der Annahme ausgegangen, dass eine Lösung nur mithilfe importierter Erfahrungen und Baumarten möglich sei. Mein Denken verlief in eingefahrenen Bahnen, indem ich annahm, dass auf den Feldern keine Bäume mehr vorhanden waren und die einzige Lösung darin bestand, die Baumvegetation anhand von Setzlingen wiederherzustellen.

Verpasse nie die Chance einer guten Krise!

Meine Entdeckung des »unterirdischen« Waldes löste im Niger keine Begeisterungsstürme aus. Vielmehr setzte sich die FMNR-Methode nur sehr zögerlich durch. Die Auffassung, dass ein ordentlicher Bauer nur ein »sauberes« Feld bestellt und keine Bäume auf seinem Acker duldet, war tief verwurzelt, und niemand in dieser bäuerlichen Kultur wollte von den anderen infrage gestellt werden oder sich einer als allgemeingültig angesehenen Weisheit entgegenstellen. Ich organisierte Versammlungen und diskutierte mit den Dorfvorstehern, konnte jedoch aus einer Vielzahl von Dörfern gerade einmal zwölf Bauern dazu bewegen, FMNR in einer kleinen Ecke ihres Landes auszuprobieren. Sie waren sozusagen die Avantgarde in ihren Gemeinden, denen Kritik aus ihrem Umfeld nichts ausmachte. Einige andere Landwirte hielten sich wohl für ausreichend finanziell abgesichert, um das Risiko eingehen zu können. Sie mussten allerdings damit rechnen, zur Zielscheibe von Hohn und Spott zu werden. Als die Bäume schließlich immer größer und der Nutzen von FMNR immer deutlicher wurde, mussten diese Bauern obendrein noch die Erfahrung machen, dass man ihnen die Bäume von ihrem Land stahl. Holz ist in diesen bäuerlichen Gemeinschaften ein knappes und kostbares Gut: Bäume galten als ein Geschenk Gottes und somit als Gemeingut. In einigen Fällen erfolgte der Diebstahl gewiss auch aus Missgunst oder Bosheit. Und manchmal aus der Angst heraus, dass jemand gegen althergebrachte Traditionen verstieß.

Ausgerechnet eine verheerende Dürre und schwere Hungersnot sollte Mitte der 1980er-Jahre für ein Umdenken unter der Bevölkerung sorgen. Die grausame Realität des Hungers schärfte das Verständnis der Leute für den Wert der Bäume. Vielleicht zum ersten Mal in ihrem Leben begannen sie einen Zusammenhang herzustellen zwischen der zunehmenden Häufigkeit und Dauer von Dürren und dem Fehlen der Baumvegetation. Als Reaktion auf die Nahrungsmittelkrise leitete unser Team ein Food-for-Work-Programm in die Wege. Das nutzten wir, um unter einer Bevölkerung von rund 70 000 Menschen gleichzeitig das FMNR-Konzept einzuführen. Das Gebiet, auf dem die Methode fortan praktiziert wurde, umfasste nahezu 100 Dörfer und eine landwirtschaftliche Nutzfläche von rund 12 500 Hektar. Unser damaliger Kampf um die Erlaubnis der nigrischen Regierung, Nahrungsmittel, Geld und Getreide verteilen zu dürfen, ist eine Geschichte für sich. Wir waren allerdings tief beeindruckt vom großzügigen Engagement Hunderter von Menschen aus aller Welt, die auf den Hilfeaufruf von SIM großzügig reagierten. Dank dieser Spenden und kleinerer Nahrungsmittelhilfen des Welternährungsprogramms sowie von USAid waren wir in der Lage, die schlimmste Zeit bis zur nächsten Ernte mit der Verteilung von 1800 Tonnen Getreide zu überbrücken.

Wir stellten ein Aktionsteam zusammen, das eine doppelte Aufgabe hatte: Sowohl die Menschen mit Nahrungsmitteln zu versorgen wie gleichzeitig in großem Maßstab FMNR einzuführen. Das Food-for-Work-Programm bot die Gelegenheit, unsere neue Strategie für eine nennenswerte Bevölkerungszahl über einen längeren Zeitraum in die Praxis umzusetzen, sodass sich die davon betroffenen Menschen vom Nutzen der Methode selbst überzeugen konnten. Viele waren überrascht, dass ihre Pflanzen zwischen den Bäumen besser gediehen. Sie profitierten außerdem davon, dass die Bäume regelmäßig zurückgeschnitten und ausgedünnt wurden, weil sie die abgeschnittenen Äste als Brennholz verwenden konnten. Unter der Schirmherrschaft des Food-for-Work-Programms und der vollen Unterstützung der Dorfvorsteher und der Forstbehörde konnte die Stigmatisierung der FMNR-Teilnehmer und der Diebstahl von Bäumen auf ein Minimum beschränkt werden.

Ich leitete ein Team von etwa zehn Festangestellten und einer schwankenden Zahl an teilzeitbeschäftigten FMNR-Mitarbeitern, bei denen es sich in der Regel um Bewohner der betreffenden Dörfer handelte. Letztere sollten mit gutem Beispiel vorangehen und die neue Methode zunächst auf ihrem eigenen Land praktizieren, um sie später anderen Mitgliedern der Dorfgemeinschaften beibringen zu können. Das Projekt wurde von mehreren Missionaren unterstützt, die sich mit verschiedenen Aspekten beschäftigten – darunter auch Gesundheitsfragen in der Landwirtschaft sowie Verwaltungsaufgaben. Die Mitarbeiter vor Ort bildeten die Speerspitze der Bewegung, ihr Einsatz blieb viel zu wenig anerkannt. Sie tranken dasselbe Wasser, hatten dasselbe zu essen wie die übrigen Dorfbewohner und litten gelegentlich an denselben Krankheiten wie die Menschen, zu deren Wohl sie all diese Mühen auf sich nahmen. Sie lebten in Grashütten oder stromlosen Häusern aus Lehmziegeln und ertrugen sowohl Hitze wie Sandstürme, ohne zu klagen. Sie wurden oft verhöhnt und verspottet, immer wieder mit Verachtung gestraft und manchmal sogar körperlich angegriffen. Trotzdem gaben diese Mitarbeiter nicht auf, weshalb es ihnen mit der Zeit gelang, Vertrauen aufzubauen und schließlich eine ganze Generation von Bauern zu beeinflussen.

Anfangs wurde das Projekt von mir und einem Vertreter der Partnerorganisation von SIM, der Evangelischen Kirche im Niger (EERN), gemeinsam geleitet. Ich profitierte in jenen frühen Jahren viel von der Weisheit und dem gesellschaftliche Ansehen meines EERN-Kollegen, Pfarrer Cherif Yacouba.

Unser Team machte sich an die Beschneidung und Pflege der Baumtriebe auf den Feldern der Dorfbewohner. So entstand eine Agrarforstbewirtschaftung auf natürlicher Basis an Stelle der bisher praktizierten Pflanzung neuer Bäume. Bei dieser Art der Landschaftspflege geht es darum, einer noch im Boden schlummernden Vegetation wieder zu Wachstum zu verhelfen, was durch einen von den Bauern und Dorfgemeinschaften selbst bestimmten Selektionsmechanismus geschieht. Der Landwirt wählt zunächst diejenigen Baumstümpfe aus, die er im Boden behalten und austreiben lassen möchte, um dann für jeden einzelnen Baumstumpf zu entscheiden, wie viele Triebe er jeweils behalten soll. Überschüssige Triebe werden gekappt und die Seitenäste auf die Hälfte zurückgeschnitten. Ein guter Landwirt kehrt immer wieder zu seinen Bäumen zurück, um neue Triebe oder Parasiten zu entfernen. Dafür gibt es kein festgelegtes System oder unbedingt zu befolgende Regeln. Die Bauern erhalten zwar Leitlinien, können aber frei wählen, welche Baumarten sie großziehen, wie viele Triebe sie pro Baumstumpf wachsen, und wie viele Baumstümpfe sie pro Hektar Land im Boden lassen möchten. Außerdem bleibt es ihnen überlassen, in welchen zeitlichen Abständen Äste nach welcher Methode zurückgestutzt und ausgewachsene Bäume abgeholzt werden sollen.

Wiederaufforstung hat einerseits einen technischen Aspekt – sei es in Bezug auf die zu diesem Zweck angewandten Methoden der Baumbepflanzung, der Auswahl der Arten, der Herkunft der Samen, dem Heranziehen der Setzlinge, der Auswahl und Vorbereitung des Standorts, der Einzäunung, dem Verbissschutz, der Pflege der Pflanzanlagen sowie im Fall von FMNR den damit einhergehenden Arbeitsschritten wie der Selektion, dem Zurückschneiden und der Wachstumskontrolle von Baumstümpfen, Wurzelwerk und Samen. Wiederaufforstung hat allerdings auch einen sozialen Aspekt. Das für die Wiederaufforstung bestimmte Land ist oft von Menschen bewohnt oder wird zumindest von ihnen genutzt. Deshalb kommt der Einbeziehung aller betroffenen Akteure große Bedeutung zu. Dies gilt für sesshafte Ackerbauern wie für nomadische Viehhirten, die einen bestimmten Landstrich lediglich während einiger Monate im Jahr durchwandern, und natürlich für die in den betreffenden Gegenden lebenden Familien. Nicht vergessen werden sollte auch die Bedeutung staatlicher Repräsentanten, insbesondere von Forstbeamten und Vertretern des Landwirtschaftsministeriums. Aber auch die einheimischen Händler und die Mitarbeiter anderer Nichtregierungsorganisationen sowie die traditionellen Oberhäupter der Dorfgemeinschaften und religiöse Führer müssen in die Umsetzung eingebunden werden. Damit alle diese gesellschaftlichen Gruppen nicht nur den Sinn eines solchen Projekts begreifen, sondern auch Eigeninitiative bei der Aufforstung ihres Landes entwickeln, sind große Anstrengungen nötig. Dazu gehört auch, die Menschen in die Lage zu versetzen, eigene Entscheidungen zu treffen und ihnen die erforderlichen Mittel in die Hände zu geben, damit sie von ihren Bemühungen profitieren können. All das gehört zu den Bestandteilen eines FMNR-Projekts.

Für den Erfolg der Methode kommt es darauf an, mit den betroffenen Gemeinschaften zusammenzuarbeiten und ein Umfeld zu schaffen, das es ihnen erlaubt, Fähigkeiten für die Organisation und Vernetzung ihrer Projekte zu entwickeln, mit staatlichen Autoritäten zu verhandeln und eigene Projektführungssysteme aufzubauen. Heute geht es darum, die Menschen und Dorfgemeinschaften, die die Hoffnung verloren haben und sich als hilflose Opfer von Armut und Klimawandel fühlen, wieder so weit zu stärken, dass sie sich selbst helfen können. FMNR schafft keine Abhängigkeiten. Vielmehr verfolgt die Methode einen Bottom-up-Ansatz, bei dem die Entscheidungsbefugnis des Einzelnen und der Gemeinschaft fester Bestandteil des Konzepts ist. In einem sehr realen Sinn bedeutet FMNR für diese Menschen, wieder Hoffnung zu schöpfen. Die Menschen können wieder Selbstwertgefühl und die beruhigende Gewissheit von Zugehörigkeit zu einem Gemeinwesen entwickeln.

Schließlich hat das Ganze aber auch noch eine politische Dimension. Viele Länder haben wohlmeinende Gesetze zum Schutz von Bäumen entwickelt, indem sie sie zu staatlichem Eigentum erklärt haben. In gewissem Umfang macht dies sicherlich auch Sinn. Allerdings ist diese Politik weitgehend gescheitert, vor allem in Ländern mit niedrigem Pro-Kopf-Einkommen. Die dringendsten Bedürfnisse von Millionen von Kleinbauernfamilien, die auf die natürlichen Lebensgrundlagen ihrer Umwelt, insbesondere der Bäume, angewiesen sind, um ihren Lebensunterhalt zu bestreiten, blieben nämlich unberücksichtigt. Diese Politik hat den Menschen, die von den natürlichen Lebensgrundlagen ihres Landes leben, die Verantwortung für die nachhaltige Bewirtschaftung von Bäumen und den Rechtsanspruch auf deren Nutzen genommen und auf lokale und nationale Behörden übertragen. Diese sind in manchen Fällen jedoch korrupt oder verfügen über zu geringe Ressourcen, um eine effektive Ordnungsmacht darstellen zu können.

Nach der Unabhängigkeit hatte die nigrische Regierung unhinterfragt das von der Kolonialmacht eingeführte französische Forstwirtschaftsgesetz übernommen. Sämtliche im Land natürlich vorkommenden Bäume waren danach Staatseigentum – angeblich, um die Bäume zu schützen. Damit gab es jedoch keinen Anreiz für die Kleinbauern, auf ihrem Land Bäume zu halten, weil sie diese nicht fällen und verwerten durften. Viel von der in dieser Zeit stattgefundenen Zerstörung kann mit dieser gut gemeinten, aber fehlgeleiteten Politik in Verbindung gebracht werden. Nach Gesprächen mit dem Leiter der Forstbehörde der Provinz Maradi wurde mir die mündliche Erlaubnis erteilt, einen anderen Ansatz auszuprobieren. Daraufhin begannen unsere Projektmitarbeiter damit, den Bauern zuzusichern, dass sie die Bäume nutzen konnten, wenn sie sie gleichzeitig pflegten. Gegen eine geringe Genehmigungsgebühr konnten die Bauern auf den lokalen Märkten Brennholz verkaufen, ohne Ärger zu bekommen. Allmählich sprach sich herum, dass Bäume auf Feldern keine Last oder Behinderung mehr darstellten, sondern als eigenständige Einnahmequelle verwendet werden konnten. Das wiederum motivierte die Bauern, Bäume zu hegen und zu pflegen. Mit der Zeit wurden auf lokaler Ebene und mit Billigung der jeweiligen lokalen Behörden Bestimmungen aufgestellt, welche die Verbreitung von FMNR regelten und unterstützten. Tatsächlich dehnte sich FMNR im Niger auch infolge des Wissens aus, dass Bäume fortan auch in Privatbesitz gehalten werden konnten. Offiziell änderten sich die Gesetze über das Eigentum an Bäumen und deren Nutzungsrechte allerdings erst Jahrzehnte später.

Eine weitere Hürde für unsere Arbeit stellte die starre Trennung der Forstwirtschaft von der Landwirtschaft dar. In Wirklichkeit gibt es keine klare Abgrenzung zwischen reiner Land- und Forstwirtschaft: Beide Disziplinen stehen in wechselseitiger Beziehung zueinander. Die Annahme einer starren Trennung bringt eigentümliche Herangehensweisen, schematisierte Ergebniserwartungen und unflexible Bürokratie mit sich. Eines der Extreme besteht darin, dass die Landwirtschaft mit der Anwesenheit von Bäumen auf Ackerland gewöhnlich nichts anfangen kann. Andererseits sind Forstbehörden auf den Baumschutz fixiert und betrachten das Verwerten von Bäumen mit Argwohn. Die rechtliche Verfügungsgewalt über Bäume auf landwirtschaftlichen Flächen liegt im Niger traditionell bei den Forstbehörden. Für die Landwirtschaft zuständige Stellen kamen im Allgemeinen nicht auf die Idee, Bäume auf Feldern zu ihrem Zuständigkeitsbereich zu zählen. Für sie gab es auch keine Anreize, sich für den Schutz von Bäumen einzusetzen.

Der Keim einer Bewegung

Nachdem die Hungersnot überstanden war und unser Food-for-Work-Programm mit der Getreideernte im Oktober 1985 zu einem Ende kam, stellten sich die Ergebnisse unserer Bemühungen eher enttäuschend dar: Mehr als zwei Drittel der rund eine halbe Million durch FMNR gewonnenen Bäume waren bereits wieder gefällt. Dies lag zum Teil daran, dass alte Angewohnheiten zählebig sind, aber auch daran, dass arme Menschen nur schwer einsehen können, dass man Bäume wachsen lassen soll, wenn sie mit dem Verkauf von Brennholz sofort Geld verdienen können. Viele der Bauern fällten ihre Bäume auch aus der Befürchtung heraus, dass sie sonst von anderen gestohlen würden. Wieder andere glaubten ganz einfach immer noch nicht, dass Bäume und Felder miteinander in Einklang gebracht werden können.

Bald stellte sich jedoch heraus, dass die Saat einer Bewegung trotzdem bereits aufgegangen war. Es gab nämlich mittlerweile genügend Bauern, die vom Nutzen der FMNR-Methode überzeugt waren und die ihre nachwachsenden Bäume nicht gleich wieder absägten. Diesen Landwirten gelang es, die öffentliche Meinung umzustimmen. Sie bildeten die Keimzelle der FMNR-Bewegung, die sich allmählich immer weiter ausbreitete. Mehr und mehr Farmer gingen dazu über, ihre Bäume zu pflegen, bis dies zu einer allgemein anerkannten Praxis wurde.

Zwischen 1985 und 1999 verfolgten wir die Strategie, FMNR zunächst auf lokaler Ebene, dann auf nationaler Ebene und wenn möglich auch auf internationaler Ebene voranzutreiben. Wir organisierten Austauschbesuche und Schulungen für Nichtregierungsorganisationen, staatliche Forstbehörden und Peace-Corps-Freiwillige, aber auch für Farmer und zivilgesellschaftliche Gruppen aus dem gesamten Niger. Wir luden alle ein, uns in den Dörfern zu besuchen und aus erster Hand mehr über FMNR zu erfahren. Darüber hinaus reisten unsere Projektmitarbeiter mit Landwirten, die die Methode bereits praktizierten, quer durch den Niger, um FMNR-Schulungen zu veranstalten. Die Bedeutung dieses Erfahrungsaustauschs ist kaum zu überschätzen. Hätte es die Hungersnot von 1984 und das anschließende Food-for-Work-Programm nicht gegeben, das eine ganze Provinz im Niger mobilisierte, könnte ich heute womöglich nicht über die Erfolgsgeschichte der FMNR-Methode schreiben.

Moralischer Druck aus der sozialen Gruppe kann Menschen dazu bringen, bestimmte Dinge zu unterlassen, obwohl diesen Menschen klar ist, dass es eigentlich zu ihrem Vorteil wäre. Die Denkweise ist dabei möglicherweise: »Besser auf etwas verzichten als ausgegrenzt zu werden.« Vielleicht ist der Zusammenhalt in der Gemeinschaft deshalb so wichtig, weil dieser dem Einzelnen traditionell Schutz und Überleben in einer ansonsten harschen Umwelt bietet. Ich habe den Eindruck gewonnen, dass sich einige Menschen durchaus für Neues begeistern lassen, wenn ihnen die Möglichkeit geboten wird, über den »eigenen Tellerrand« ihrer unmittelbaren Dorfgemeinschaft hinauszublicken und andere Realitäten zu erleben. Dermaßen ermutigt können sie in ihrer eigenen Umgebung für Veränderungen sorgen.

Unabhängig von unserer FMNR-Arbeit, zogen Farmer mancherorts ihre eigenen Schlussfolgerungen über die Bedeutung der Baumvegetation und entwickelten spontan eigene Methoden, um auf ihrem Land wieder Bäume hochzuziehen. So haben beispielsweise Bauern im Bezirk Zinder FMNR fast ausschließlich mit der Baumart *Faidherbia albida* praktiziert, die als Produzent von Dünger und Viehfutter geradezu perfekt zu den im Niger verbreiteten agropastoralen Systemen (einer Kombination von Feldbau und Viehhaltung) passt. Dagegen bevorzugten die Bauern in der Provinz Maradi die Baumarten *Philostigma reticulate* und *Guiera senegalensis*. Diese wachsen schneller als *Faidherbia albida*, liefern festeres Holz und haben keine Dornen.

In der Region Aguie hatten die Bauern, die erst nach Beginn der Regenzeit als Wanderarbeiter aus Nigeria zurückzukehren pflegten, im Gegensatz zu ihren Nachbarn keine Zeit mehr, die auf ihrem Land wild nachwachsenden Bäume abzuräumen. Sie waren dann von dem Umstand überrascht, dass ihre späte Aussaat trotz der in der Gegend auftretenden starken Winde besser gedieh als die ihrer Nachbarn. So kam es, dass hier das Beschneiden und Ausdünnen von Bäumen während der Regenzeit erfolgte und nicht wie in der Provinz Maradi zuvor.

Als ich den Niger im Jahr 1999 verließ, war ich lediglich über die Veränderungen in Maradi im Bilde, wo ich meine Projekte durchgeführt hatte. Vom wahren Ausmaß der FMNR-Verbreitung im Niger erfuhr ich erst, als ich 2004 den niederländischen Humangeografen Chris Reij kennenlernte. Dank der Auswertung der von Gray Tappan vom United States Geological Survey (USGS) erstellten Satellitenbilder konnten wir uns einen Überblick über die tatsächliche Verbreitung von FMNR verschaffen. Demnach wurde die Methode allein im Niger auf über 5 Millionen Hektar Land praktiziert. Das entspricht ungefähr der Größe von Costa Rica oder der Dominikanischen Republik. Die Schweiz ist um ein Fünftel kleiner als diese Fläche. Reij beschreibt die Verbreitung von FMNR als eine der bedeutendsten positiven Umweltveränderungen in der Sahelzone und vielleicht sogar in ganz Afrika. Nach einer neuen von Gray im Jahr 2016 durchgeführten Studie wird FMNR im Niger inzwischen auf mittlerweile rund 7 Millionen Hektar praktiziert, eine Fläche von der Größe Irlands.

Dies ist eine beachtliche Leistung der nigrischen Farmer. Dass das in einem der ärmsten Länder der Welt erreicht werden konnte – unter sowohl physisch wie sozial widrigen Bedingungen und mit einem staatlich unterfinanzierten und von Nichtregierungsorganisationen wenig beachteten Forstwirtschaftssektor –, kommt einer doppelt bedeutsamen Signalwirkung für andere Länder mit ähnlichen Problemen gleich. Das Beispiel des Nigers wirft die Frage auf: Wenn eine solch schnelle und kostengünstige Wiederaufforstung unter derart schwierigen Bedingungen möglich ist, was könnte dann an anderer Stelle noch möglich sein? Tatsache ist, dass die nigrische Geschichte heute wie ein Leuchtturm strahlt und auch in anderen verödeten Landstrichen der Erde Grund zur Hoffnung gibt.

Gemischte Gefühle

Nachdem ich 18 Jahre lang im Niger gelebt und gearbeitet hatte, war es an der Zeit, wieder nach Australien zurückzukehren. Einerseits fiel mir die Entscheidung nicht schwer. Da spielten familiäre Gründe eine Rolle: Ich war erschöpft von den Hilfseinsätzen gegen den Hunger, und es war an der Zeit, mit unguten Abhängigkeitsverhältnissen zu brechen, die sich aus meinem Engagement in der Katastrophenhilfe ergeben hatten. Ich ließ mich von Roland Bunch beeinflussen, dem Autor von »Two Ears of Corn, A Guide to People-Centered Agricultural Improvement«, der darin schreibt: »Wenn das, was man erreicht, nicht von Dauer ist, dann hat man nichts erreicht.« Es war an der Zeit, sich zu vergewissern, ob FMNR auch ohne meine Anwesenheit weitergeführt würde. Damals waren den Leuten die Vorteile dieser Methode bereits bewusst: Ich war davon überzeugt, dass meine weitere Anwesenheit auf ihre Akzeptanz keinen Einfluss mehr haben würde.

Andererseits fiel es mir schwer, die Menschen zu verlassen, die ich im Lauf der Zeit kennen und schätzen gelernt hatte, und meine Arbeit, der ich einen großen Teil meines Lebens gewidmet hatte. Ich fragte mich, welche Tätigkeit ich zu Hause aufnehmen könnte, die in gleichem Maße sinnvoll wäre. Ich fand es damals zwar auch im Nachhinein betrachtet richtig, in jungen Jahren den Sprung ins Ungewisse gewagt zu haben und mit meiner Familie in den Niger gegangen zu sein. Aber die Aussichten, in Australien eine sinnvolle Arbeit zu finden, schienen eher gering, und das beunruhigte mich. Ich war deshalb erleichtert, als mir ein Freund eine Stellenanzeige von World Vision Australia zusandte. Mir war sofort klar, dass dies eine Aufgabe war, für die ich mich mit ganzer Kraft einsetzen konnte, und eine einmalige Gelegenheit, die im Niger unter harten Bedingungen gewonnenen Erkenntnisse in sehr großem Maßstab umzusetzen.

So nahm ich 1999 bei World Vision Australia die Tätigkeit als Entwicklungsprogrammleiter für Kenia und Äthiopien auf. Die Aufgaben umfassten das gesamte Projektspektrum: Wasserversorgung und sanitäre Einrichtungen zur Gesundheitsvorsorge, Geschlechtergleichstellung, Kinderpatenschaften, Mutter-und-Kind-Gesundheitsprojekte, Agrarprojekte. Schnell wurde mir klar, in welcher Weise die Nachhaltigkeit der Bereiche, um die sich World Vision kümmerte, von einer gesunden und intakten Umwelt abhing. Wie der Niger, so hatten auch Kenia und Äthiopien einen Großteil ihrer ursprünglichen Waldflächen verloren. In beiden Staaten waren außerdem weite Teile des Landes von Bodenverödung betroffen, die Anfälligkeit für Dürre- oder Flutschäden war entsprechend hoch. Unter unzuverlässigen Klimabedingungen verließen sich die Menschen größtenteils auf den jährlichen Regenfeldbau. Das Ergebnis waren viel zu oft Missernten, Nahrungsmittelknappheit und in schweren Fällen Hungersnöte. In beiden Ländern hing die ländliche Bevölkerung stark von Brennholz, Bauholz sowie anderen von Bäumen gewonnenen Produkten ab – und dies bei stetig schwindenden Baumbeständen. Nachdem ich im Niger erlebt hatte, welche entscheidende Rolle FMNR für einer größere Widerstandsfähigkeit gegen Dürren spielen konnte, hatte ich den brennenden Wunsch, Menschen andernorts bei der Regenerierung ihres Landes zu helfen, damit sie wieder ein Leben in Würde und sogar Wohlstand führen konnten. Ich suchte deshalb nach Möglichkeiten, FMNR in die World-Vision-Arbeit einfließen zu lassen.

Wie erzeugt man eine Bewegung?

Ich wollte nicht einfach nur FMNR-Projekte in verschiedenen Ländern initiieren. Projekte zeichnen sich dadurch aus, dass sie festgelegte Start- und Endtermine, bestimmte geografische Schwerpunkte und Zielvorgaben sowie feste Budgets haben. Und wenn der letzte Dollar ausgegeben ist, dann bedeutet dies meistens auch das Ende der Projektarbeit. Ich wollte dagegen wie im Niger vorgehen. Anders als Projekte haben soziale Bewegungen keinen klar definierten Start- und Endtermin, sie gehen vielmehr mit spontanen und überraschenden Ereignissen einher. Bewegungen sind geografisch schwer eingrenzbar, ihre Wirkung kann die in sie gesetzten Erwartungen bei Weitem übertreffen, und der sich aus ihnen ergebende Nutzen steht nicht unbedingt im Verhältnis zu den aufgewendeten Mitteln. Und selbst wenn das letzte Geld ausgegeben ist, ist die Wahrscheinlichkeit groß, dass die Arbeit trotzdem weitergeht.

Es liegt nicht in der Natur sozialer Bewegungen, dass sie sich von außen steuern lassen. Man kann wichtige Elemente pflanzen, von denen man annimmt, dass sie zur Schaffung einer Bewegung beitragen können. Doch weil sie vom Handeln von Personen und bestimmten Umständen abhängt, kann man nicht vorhersagen, zu welchem Zeitpunkt und auf welche Art und Weise eine Bewegung ihre Anfänge nimmt. Im Niger war 1984 die Zeit reif für das Entstehen einer sozialen Bewegung. Die schwere Hungersnot von 1984 markierte den Höhepunkt einer Serie von Naturkatastrophen und Missernten. Dies hatte zur Folge, dass die Menschen mehrere Jahre hintereinander ihre wichtigsten Grundbedürfnisse nicht mehr mit den herkömmlichen Landbaumethoden erzielen konnten. Jedes Jahr lebten sie in großer Ungewissheit, ob es ihnen gelingen würde, genügend Nahrungsmittel ernten zu können, um bis zur nächsten Ernte über die Runden zu kommen. Die Wahrscheinlichkeit, dass ihnen dies nicht gelingen würde, war ungleich höher. Armut breitete sich aus. Die Fruchtbarkeit der Böden nahm ab. Auf ihren kahlen, von Bäumen ausgeräumten Feldern waren die Bauern in Jahren mit außergewöhnlich starken Winden gezwungen, ihre Saat sechsmal oder noch häufiger auszubringen. Die nigrischen Bauern spielten russisches Roulette, indem sie ihren Anbau immer weiter nach Norden ausdehnten, wo die klimatischen Gegebenheiten noch widriger und die Wahrscheinlichkeit von Missernten noch höher waren. Eine andere Option, nämlich die Sahara auf der Suche nach Arbeit zu durchqueren, war ein gefährliches Unterfangen. Nach Süden ins benachbarte Nigeria auszuweichen, um dort das unsichere Leben eines Wanderarbeiters zu führen, war ebenfalls mühselig.

Als in diese Palette unerwünschter Möglichkeiten FMNR als Perspektive geworfen wurde, griffen die Menschen sie hoffnungsvoll auf. Der Grund dafür war wohl, dass FMNR gleich mehrere Probleme gleichzeitig anging: Die Ernteerträge erhöhten sich, es gab wieder Brennholz und Futtermittel für die Viehhaltung, die Fruchtbarkeit der Böden verbesserte sich, das nachwachsende Baum- und Buschwerk bot wieder Schutz vor den starken Winden – und alle diese Vorteile stellten sich bereits in der ersten Erntesaison ein, ohne dass es Geld kostete. Die Menschen ließen sich auch deswegen auf FMNR ein, weil es sich um eine risikolose Technologie handelt. Man kann kaum etwas verlieren, aber möglicherweise viel gewinnen. Da die Leute in Maradi nicht mehr viele Optionen zur Verbesserung ihres Leben hatten, fiel es ihnen leichter, die wenigen noch verbliebenen Chancen zu nutzen. Hinzu kam, dass zumindest in dieser Provinz die Zahlen stimmten. Das Food-for-Work-Programm von 1984 hatte die nötige kritische Masse von Landwirten hervorgebracht, die FMNR in die Praxis umsetzten. Schließlich hatte auch der Druck der sozialen Bezugsgruppe abgenommen, Bäume von den Feldern zu eliminieren.

Wie kann man in einer neuen Umgebung und unter anderen Bedingungen eine erfolgreiche FMNR-Bewegung schaffen? Diese Frage lässt sich nicht so ohne Weiteres beantworten. Wir können allerdings auf eine ganze Reihe von Projekterfahrungen zurückgreifen und versuchen, aus all diesen die beste Lösung für ein bestimmtes Land zu entwickeln. Wir organisieren

Tagungen und Konferenzen und sprechen mit den Medien. Wir rufen Pilotprojekte ins Leben, um den betroffenen Farmern die Effekte vor Augen zu führen. Wir schulen unsere FMNR-Protagonisten und stellen ihnen die nötigen Mittel zur Verfügung. Wir ermöglichen Austauschbesuche, weil wir glauben, dass die Bauern selbst die überzeugendsten Agenten für Veränderungen sind. Wir bereiten die Farmer auf Schwierigkeiten vor, die bei der Aufnahme der FMNR-Methode auftreten können. Wir beziehen alle Akteure, besondere die Führungspersönlichkeiten (Repräsentanten des Staates, traditionelle und religiöse Führer, Vertreter der Jugend, Frauen sowie marginalisierte Gruppen) in den Veränderungsprozess ein und suchen zunächst ein Bewusstsein für den Zusammenhang zwischen Entwaldung und Verarmung zu schaffen. Sodann versetzen wir die Betroffenen in die Lage, die Initiative zu ergreifen. Wir begleiten den Prozess eine Zeit lang – durch Besuche, gemeinsames Lernen, Coaching, korrigierendes Eingreifen, durch Mut Machen und konkrete Unterstützung, insbesondere dort, wo Konflikte und die Gefahr von Rückschlägen drohen. Das alles ist zeitaufwändig und erfordert Geduld und vor allem viel Einfühlungsvermögen. »Es interessiert niemanden, wie viel du weißt, bevor er nicht weiß, wie sehr du dich für ihn interessierst«, lautet ein nigrischer Sinnspruch. Wir fördern die Bildung von FMNR-Solidaritätsgruppen, damit sich die Menschen gegenseitig unterstützen können. Oftmals ist auch Lobbyarbeit nötig, damit Gesetze geändert werden, die einer Realisierung der Vorteile des FMNR-Methode seitens der Bauern im Weg stehen. Wir halten nach Vermarktungschancen Ausschau, die wirtschaftliche Nachhaltigkeit schaffen können. Wir fördern Wertschöpfungsprozesse durch die Einführung oder den Ausbau spezieller landwirtschaftlicher Aktivitäten wie etwa die Bienenzucht oder die Veredelung wild wachsender Obstbäume zu höherwertigen Sorten. Wenn wir schließlich alle Elemente für das Erfolgsrezept miteinander kombiniert haben – bleiben wir am Ball und warten ab, wie sich die Dinge weiterentwickeln. Ein Jahr? Zwei Jahre? Fünf Jahre? Im Niger gab es innerhalb von zehn Jahren deutliche Anzeichen für die Entstehung einer FMNR-Bewegung. Allerdings wurde uns deren Ausmaß erst zwanzig Jahre später richtig bewusst. Heute können wir auf den in der Vergangenheit gelegten Grundlagen aufbauen und machen die Erfahrung, dass Anzeichen einer beginnenden FMNR-Bewegung zuweilen bereits nach ein bis fünf Jahren sichtbar werden.

Auch ich musste eine ganze Menge lernen. Nicht nur, wie man eine Bewegung ins Leben ruft, sondern auch, wie man eine große Organisation wie World Vision in Bewegung bringt. Ich schrieb Artikel, hielt Vorträge und veranstaltete Seminare. Ich ging davon aus, dass das Wissen über das Ausmaß der Wirkung und Verbreitung von FMNR im Niger andere ebenfalls zum Handeln animieren würde. Doch unsere Arbeit stieß zwar auf Interesse, hatte aber wenig Resonanz. Wenn Reden und Schreiben nicht ausreichen, dann ist Handeln erforderlich. Ich erkannte, dass die Projekte, die von World Vision vor Ort durchgeführt werden, weitgehend von der Strategie, den Jahresplänen und den Mittelzuweisungen der jeweiligen Länderorganisation bestimmt waren. Deshalb richtete ich meine Aufmerksamkeit auf die Entwicklung und Finanzierung solcher Projekte, die FMNR-Komponenten enthielten. Meine Vermutung war, dass Veränderungen nur dann zustande kommen konnten, wenn es klar definierte Budgets für Aktivitäten mit mess- und nachprüfbaren Zielvorgaben gab. Diese Herangehensweise erwies sich als richtig.

Der Erfolg entsteht im Kopf

Das erste Projekt von World Vision, das die Förderung von FMNR mit einbezog, fand in fünf westafrikanischen Ländern statt. Leider hatte dieses Projekt nicht den erhofften Erfolg. Rückblickend glaube ich, dass ich dem Unterfangen nicht genügend Unterstützung und Aufmerksamkeit zukommen ließ. Neue Ideen brauchen Zeit und hartnäckige Begleitung, bevor sie Fuß fassen können. In einigen Ländern hatten wir auch Probleme mit den Projektmitarbeitern. Für den Programmleiter war es schwierig, angesichts eines knappen Budgets den Überblick über die Geschehnisse in fünf Ländern zu behalten. Infolgedessen konnte FMNR nicht wirklich Fuß fassen, und die Mitarbeiter vor Ort begegneten den Schwierigkeiten, indem sie sich auf andere, eher akzeptierte Maßnahmen als FMNR verlegten. Nichtsdestotrotz erzeugte dieses Pilotprojekt in mehreren der betroffenen Länder begrenztes Interesse. Außerdem brachte der Versuch wertvolle Erkenntnisse, die sich für spätere FMNR-Projekte in dieser Region als nützlich erwiesen.

Eine wichtige Rolle spielte auch der Umstand, dass eine Projektevaluation aus dem Jahr 2011 FMNR auch unter dem Aspekt der Auswirkung auf das Wohl von Kindern bewertete – eine Betrachtungsweise, die für World Vision als Kinderhilfswerk von zentraler Bedeutung war. Die Studie schlussfolgerte: *»FMNR ist eines der seltenen Projekte, das von der Konzeption her eine breit angelegte Einbeziehung des Wohls der Kinder in den jeweiligen Regionalprogrammen leisten könnte. Das bezieht sich sowohl auf den Wirkungskreis als auch auf den spürbaren Nutzen für Kinder sowie auf die Berücksichtigung der Belange von Kindern bei der Gestaltung, Umsetzung, Kontrolle und Bewertung der Projektaktivitäten. Kein anderer Bestandteil eines Regionalprogramms bietet derart ganzheitliche Fördermöglichkeiten für Kinder wie FMNR. Keine kulturellen Barrieren ver-*

hindern den offenen Dialog zwischen Eltern und Kindern über FMNR-Themen. Angesichts der Tatsache, dass Frauen und Kinder heute bereits 90% der landwirtschaftlichen Arbeit leisten, könnte FMNR für Kinder und Frauen eine befreiende Funktion haben und sie zum Aufbau einer Zukunft befähigen, die besser ist als jene, die sie ansonsten nur passiv von ihren Eltern erben würden.« Um in einer Organisation Veränderungen zu bewirken, ist es wichtig, deren Sprache zu sprechen und aufzuzeigen, inwiefern die gewünschten Veränderungen dazu beitragen können, die Ziele der Organisation zu erreichen.

FMNR-Folgeprojekte von World Vision im Senegal und in Ghana profitierten von der Kompetenz und den Führungsqualitäten ihrer Mitarbeiter vor Ort und konnten sich auf die technische Projektbegleitung durch World Vision Australia stützen. Diese starke, visionär ausgerichtete Projektführung, in Kombination mit effektiver moralischer und technischer Unterstützung durch die Heimatorganisation erwies sich als ein wichtiges Element für die erfolgreiche Einführung von FMNR und deren Befürwortung durch die Menschen in den Projektländern.

Überraschenderweise kamen im Senegal die größten Widerstände von den Mitarbeitern von World Vision selbst. Diese dachten nicht ganz grundlos, dass die Bauern des Landes niemals damit einverstanden wären, Bäume auf ihren Feldern stehen zu lassen. Die erste Hürde bestand also darin, die eigenen Mitarbeiter zu überzeugen. Schließlich sprangen nicht nur die Mitarbeiter, sondern bald auch ganze Dorfgemeinschaften auf den ins Rollen gekommenen Zug. Über einen Zeitraum von nur fünf Jahren breitete sich FMNR im Senegal auf einer Fläche von 65 000 Hektar aus. Die Baumdichte stieg von nahezu null Bäumen pro Hektar bei Projektbeginn auf über 37 Bäume pro Hektar.

In Katie Smiths Buch »The Human Farm. A Tale of Changing Lives and Changing Lands« sagt der Entwicklungshelfer Eliaz Sanchez: *»Zuerst muss man Utopien denken können, bevor sie irgendwann Realität werden können.«* Mit anderen Worten, man muss zuerst selbst vom Sinn einer Methode wie FMNR überzeugt sein, bevor man sie umsetzen kann. Und die eigenen Leute müssen zuerst überzeugt sein, bevor sie andere überzeugen können. Wir haben uns mit der Zeit daran gewöhnt, zumindest anfangs auf Widerstände zu stoßen, aber wir lassen uns davon nicht mehr beirren. Wie in dem Satz, der dem Philosophen Arthur Schopenhauer zugeschrieben wird, treffend beschrieben wird: *»Jede Wahrheit durchläuft drei Stufen. Zuerst wird sie lächerlich gemacht oder verzerrt. Dann wird sie bekämpft. Und schließlich betrachtet man sie als Selbstverständlichkeit.«*

Eine der großen Hürden, mit denen FMNR regelmäßig konfrontiert ist, sind die verbreiteten Überzeugungen und Einstellungen in Bezug auf Bäume. Mit diesen muss man sich ohne Umschweife auseinandersetzen. Viele Farmer glauben, dass Bäume und Ackerbau nicht miteinander vereinbar sind. Sie sind davon überzeugt, dass Bäume durch ihren Schattenwurf die Erträge ihrer Feldfrüchte mindern und dass sie Vögel anlocken, die sich sodann über ihre Aussaat hermachen. Viele glauben auch, dass Bäume nur langsam wachsen und sie zu ihren Lebenszeiten nicht mehr von ihnen profitieren werden.

Tatsache ist jedoch, dass ein Landwirt sehr stark beeinflussen kann, ob Bäume für seine Nutzpflanzen eine Konkurrenz darstellen oder nicht. Ein Farmer hat es in der Hand, welche Baumarten er auf seinem Farmland stehen lässt – einige Arten mindern nämlich tatsächlich die Ernteerträge und das Wachstum von Weidegras. Darüber hinaus kann er auch selbst darüber verfügen, wie viele Bäume schließlich auf seinem Land stehen sollen und wie stark er die Triebe zurückschneidet. Auf diese Weise kann er den Umfang der beschatteten Fläche beeinflussen. Die Wechselwirkung zwischen Baum und Nutzpflanze verdient allerdings noch genauer untersucht zu werden.

Doch schon heute bestätigt die Forschung, dass bestimmte Baumarten die Ernteerträge von Feldfrüchten unter bestimmten Bedingungen deutlich steigern. Studien, die vom World Agroforestry Centre in Sambia über einen Zeitraum von vier Jahren durchgeführt wurden, konstatierten eine zwei- bis dreifache Ertragssteigerung von Nutzpflanzen, die unter der Baumart *Faidherbia albida* angebaut werden. Der Baum gibt eine Form von Düngestickstoff in den Boden ab und wirft seine Blätter in der Regenzeit ab – was einerseits genügend Licht zu den Nutzpflanzen durchdringen lässt, andererseits die Bodentemperaturen auf dem Feld reduziert. Ein Wissenschaftler-Konsortium im Senegal führte ein elfjähriges Forschungsprojekt durch, bei dem Felder mit dem *Philostigma-reticulatum*-Strauch durchsetzt waren. Sie stellten fest, dass die Hirse-Ernte über den gesamten Untersuchungszeitraum hinweg konstant etwa doppelt so hoch ausfiel als auf nicht bewachsenen Vergleichsflächen, und dies ohne Düngemitteleinsatz. *Philostigma reticulatum* verfügt über die Fähigkeit, Wasser aus tieferen Bodenschichten an die Oberfläche zu transportieren, wodurch auf den Feldern angebaute Nutzpflanzen mit der nötigen Feuchtigkeit versorgt werden. In der Nähe von *Philostigma reticulatum* angebaute Feldfrüchte können selbst in Dürrejahren überraschend gut gedeihen.

Und was die Überzeugung angeht, dass Bäume Körner fressende Vögel anziehen könnten, die dann die Saat vernichten: 34 Jahre nach Einführung des FMNR-Konzepts im Niger und nach erfolgreicher Ausweitung von FMNR auf nunmehr sieben Millionen Hektar Land ist mir bislang kein einziger solcher Fall zu Ohren gekommen. Dies heißt nicht, dass so etwas nicht vorkommen kann. Doch ein wirkliches Problem ist es offensichtlich nicht, sonst hätte ich davon erfahren.

Viele Landwirte machen sich nicht die Mühe, auf ihrem Land Bäume hochzuziehen, weil sie glauben, dass Bäume zu lange Zeit zum Wachsen brauchen. Afrikanische Farmer haben meist unmittelbare, drängende Erfordernisse, die sie als vorrangig betrachten. Das Überraschende an FMNR ist jedoch, dass Bäume selbst unter ariden (wüstenhaften) und semiariden Bedingungen schnell groß werden können, vor allem, wenn die Triebe aus einem ausgereiften Baumstumpf herauswachsen. Nach drei Jahren FMNR können Bäume eine Höhe von fünf Metern oder mehr erreicht haben.

Überzeugungen und Einstellungen in Bezug auf Bäume sind entscheidend dafür, ob der Start in eine FMNR-Landbewirtschaftung gelingt oder scheitert. Wo solche Überzeugungen falsch sind, müssen sie respektvoll und geduldig mithilfe von Fakten infrage gestellt werden. Projektmanagern gelingt es vielleicht nicht immer, im Rahmen ihrer Arbeit mit der Landbevölkerung die nötigen Veränderungen anzustoßen. Ein kluger, alter Bauer sagte mir einmal: *»Tony, wenn Sie uns etwas raten, dann sind wir eher skeptisch. Denn wenn Sie sich getäuscht haben, müssen nicht Sie dafür büßen, sondern wir. Und wenn uns Ihre Mitarbeiter Ratschläge erteilen, dann sind wir immer noch skeptisch. Schließlich werden sie dafür bezahlt, dass sie uns beraten, egal ob sie recht haben oder nicht. Wenn uns aber ein anderer Bauer erzählt, was er in seiner Landwirtschaft macht, und wir es mit eigenen Augen sehen können, dann schauen wir sehr genau hin, denn schließlich muss auch er wie wir seine Familie ernähren.«*

Auf der ganzen Welt ist es gang und gäbe, dass ein Landwirt beim anderen abschaut, wie dieser die Dinge angeht. Der

Erfahrungsaustausch unter Kollegen ist einer der mächtigsten Beweggründe, Auffassungen und Gewohnheiten zu ändern. Dementsprechend legen wir bei unseren FMNR-Förderprogrammen Schwerpunkte auf die Organisation gegenseitiger Besuche zum Zweck des Erfahrungsaustauschs, auf den Aufbau landwirtschaftlicher Modellbetriebe und modellhafter Dorfgemeinschaften sowie auf die angemessene materielle Ausstattung und Befähigung der Bauern, selbst zu »Agenten des Wandels« zu werden.

Die Vergangenheit-Gegenwart-Zukunft-Übung

Neue Projekte erfordern eine sorgfältige Planung und umfassende Beratung. Im Jahr 2009 befasste ich mich mit einem Konzeptpapier, bei dem es um ein Baumpflanzprojekt in Ghana ging. Den Initiatoren war FMNR zu diesem Zeitpunkt kein Begriff. Das Pflanzen von Bäumen war bis dahin die allgemein anerkannte Methode, um in einem Gebiet eine geschlossene Vegetationsdecke wiederherzustellen – obwohl die Erfolgsquoten, wie bereits erwähnt, in der Regel gering waren. Zum Glück nahm World Vision Ghana mein Angebot an, Projektschulungen durchzuführen. So wurde im Distrikt Talensi ein FMNR-Projekt mit einem Workshop für die maßgeblichen Interessengruppen angestoßen: Frauen und Männer aus den betroffenen Dorfgemeinschaften, die religiösen und traditionellen Führer, Vertreter der Bezirksverwaltung, Forst- und Landwirtswirtschaftsbehörden, das forstwirtschaftliche Forschungsinstitut des Landes, Mitarbeiter von World Vision in Ghana und Australien sowie Medienvertreter. Wenn es darum geht, Veränderungen in der Nutzung gemeinsamer natürlicher Lebensgrundlagen (Boden, Vegetation oder Wasser) anzustoßen, kommt es ganz wesentlich darauf an, dass alle Akteure in die Diskussionen und Entscheidungsfindung einbezogen werden.

Wird dieser Schritt versäumt, ist das gesamte Unterfangen von Anfang an zum Scheitern verurteilt.

Im Rahmen des Workshops veranstaltete ich zunächst eine Übung, die ich Vergangenheit-Gegenwart-Zukunft-Übung nenne. Zu diesem Zweck teilte ich die Teilnehmer in drei Gruppen ein. Die erste Gruppe sollte die Frage beantworten: »Wie hat Ihre natürliche Umwelt ausgesehen, als Sie noch Kinder waren?« Die zweite Gruppe wurde gefragt: »Wie sieht Ihre natürliche Umwelt heute aus?« Und die dritte Gruppe: »Wenn wir weitermachen wie bisher, wie wird die Umwelt dann für unsere Kinder und Enkel aussehen?«

Gruppe eins berichtete, dass es in ihrer Kindheit in unmittelbarer Nähe des Dorfs noch viele Wildtiere und Buschland gegeben habe. Die Böden seien fruchtbar und die Ernteerträge meist reichlich gewesen. Quellen, Brunnen und Bäche seien nicht versiegt, es habe weniger Schädlinge und Krankheiten gegeben. Dürren und Überschwemmungen seien seltener aufgetreten und weniger verheerend gewesen. Die Luft sei nicht so staubig gewesen, und die Stürme hätten nicht ständig die Dächer der Häuser abgedeckt. Außerdem habe es weniger extreme Hitzewellen gegeben.

Gruppe zwei berichtete, dass sie im Lauf ihres Lebens massive Veränderungen ihrer natürlichen Umwelt beobachtet hätten. Beispielsweise seien immer häufiger Wald- und Buschbrände aufgetreten, Buschland und Wildtiere seien allmählich verschwunden, die Bodenfruchtbarkeit habe sich kontinuierlich verschlechtert und die Ernteerträge seien zurückgegangen. Außerdem sei das Wasser knapper geworden, schädliche Insekten hätten sich verbreitet, es würde vermehrt zu extremen Wetterlagen kommen, insbesondere habe die Intensität und Häufigkeit von Dürren und Überschwemmungen zugenommen. Die Folge sei eine allgemeine Verarmung der Menschen, Unterernährung, und dass viele der Kinder nicht mehr zur Schule gehen könnten.

Und Gruppe drei berichtete, ihre Kinder und Enkel würden in Zukunft wohl gezwungen, ihre Existenz auf dem Land – und alles was ihnen lieb und teuer ist – aufzugeben und mit ihren Familien in die Stadt zu ziehen, falls sich ihre Lebensumstände weiter verschlechtern sollten.

Den meisten Menschen, besonders der älteren Generation, ist bewusst, was sie bereits an Lebensqualität eingebüßt haben: Sie haben es in den meisten Fällen wohl nur noch nicht öffentlich thematisiert. Ihnen ist schmerzhaft bewusst, mit welchen schwierigen Bedingungen sie schon heute konfrontiert sind. Ihnen sind auch die Folgen klar, falls sie weitermachen wie bisher. Die Vergangenheit-Gegenwart-Zukunft-Übung rüttelt die Menschen wirklich auf. In Uganda meinte ein Workshop-Teilnehmer, das Leben würde zur »Hölle auf Erden« werden, falls die Dinge weiter ungebremst ihren Lauf nähmen. Und in Lesotho sagte jemand, die Verzweiflung werde die Leute »in den Kannibalismus treiben«. Diese Übung legt den Finger in die Wunde. Sie ist eine Voraussetzung dafür, dass die Menschen von sich aus die nötigen Schlussfolgerungen ziehen und das Bedürfnis nach Veränderung entwickeln. Ihnen wird bewusst, dass sie nur zwei Möglichkeiten haben: Entweder verhalten sie sich weiter passiv und ergeben sich dem scheinbar unabwendbaren Schicksal, das Hunger und Armut für ihre Kinder bedeutet. Oder sie nehmen ihr Schicksal in die eigene Hand und reißen das Ruder herum, um eine Katastrophe abzuwenden.

Mit dieser Übung geht oftmals ein Ruck durch die Dorfgemeinschaften, der bei vielen Workshop-Teilnehmern das Bedürfnis zu handeln weckt. Diese Art kollektiver Bewusstseinsbildung, zusammen mit der Vorführung von Fotos, die das nigrische Projektgebiet vor und nach Einführung von FMNR zeigen, überzeugt viele davon, dass sie nicht die hilflosen Opfer von Klimawandel und Armut sein müssen und dass sie durchaus eine bessere Zukunft für sich und ihre Kinder erreichen können.

Ein senegalesisches Sprichwort sagt: »*Wenn du unterwegs bist und dich verirrt hast, geh zurück, von wo du aufgebrochen bist. Dann wirst du die Orientierung wiederfinden und erkennen, welchen Weg du einschlagen musst.*« Den meisten Bauern ist bewusst, dass sie die Orientierung verloren haben und dass sie ihre Familien mit ihren aktuellen Landbaumethoden nicht mehr ernähren können. Zwar waren nicht alle traditionellen Methoden immer im Einklang mit der Natur, aber in der Regel wurden die Fruchtfolge und Ruheperioden des Ackerlandes (Brache) eingehalten. Das erlaubte der Natur, sich zu regenerieren. Außerdem wurde früher die biologische Vielfalt der landwirtschaftlichen Nutzflächen besser respektiert. In jüngster Zeit hat sich die Landbevölkerung stark vermehrt, und die Praxis der Brachezeiten der Felder wurde entweder stark verkürzt oder ganz abgeschafft. Mit der Modernisierung der Landwirtschaft hat sich die Praxis verbreitet, sämtliche Bäume vom Farmland zu verbannen und sich auf den Anbau weniger, in der Regel einjähriger Haupterzeugnisse zu konzentrieren. Mit FMNR haben die Bauern nun die Chance, sich wieder den ursprünglichen, mit den natürlichen Lebensgrundlagen besser zu vereinbarenden Landbaumethoden anzunähern.

Eine Frage der Macht

Eine weitere wichtige Übung im Rahmen unserer Workshops ist die Frage nach den Machtverhältnissen. Der Zweck dieser Übung ist es zu bestimmen, wer die Entscheidungsträger sind und wer die Meinungen beeinflusst. Nachdem die maßgeblichen Akteure unter dieser Fragestellung identifiziert worden sind, wenden wir uns diesen Meinungsführern zu, um sie vom Wert der FMNR-Methode zu überzeugen. In einem zweiten Schritt geht es dann darum, gemeinsam mit diesen Leuten die gesamte Dorfgemeinschaft zum Mitmachen zu bewegen. In Talensi, Ghana, gehörten zu den Meinungsführern die lokalen staatlichen Autoritäten, die traditionellen Oberhäupter und die Chiefs, die für die Verteilung der gemeinschaftlichen Ländereien zuständig sind.

Ganz wichtig ist es, sich vorab Gedanken darüber zu machen, von welcher Seite möglicherweise mit Widerstand zu rechnen ist. Illegale Holzfäller und Holzkohle-Verkäufer befürchten, dass man ihnen den Lebensunterhalt wegnehmen will. Daher ist es aus ihrer Sicht natürlich, sich dem Schutz von Waldflächen oder deren geregelter Bewirtschaftung entgegenzustellen. Hirtennomaden im Senegal genießen seit Tausenden von Jahren in der Trockenzeit uneingeschränkte Weiderechte auf landwirtschaftlich genutztem Land. Als sie sahen, dass auf ihren nach der FMNR-Methode bewirtschafteten Weideflächen plötzlich Bäume wuchsen, dachten sie, dies sei ein Versuch der Landbesitzer, ihnen ihr Zugangsrecht streitig zu machen. Außerdem befürchten Behördenvertreter Einnahmeeinbußen aus dem Verkauf oder der Verpachtung von Land, wenn sie Nutzungsrechte an Dorfgemeinschaften abtreten.

Man sollte nie die Möglichkeit unterschätzen, dass es zu heftigem Widerstand kommt. Dieser kann sogar gewalttätige Formen annehmen, wie der Äthiopier Gebre Michael Gidey am eigenen Leib erfahren musste. Gidey war überzeugt davon, dass das Farmland seiner Dorfgemeinschaft in der äthiopischen Tigray-Region immer mehr verwüstete, weil der Wald auf den umliegenden Hügeln zerstört wurde. Als selbst ernannter Waldschützer machte er sich bei den Leuten unbeliebt, die vom unkontrollierten Abholzen profitierten. Schließlich landete er aufgrund falscher Anschuldigungen sogar im Gefängnis: Ihm wurde vorgeworfen, als Agent gegen die Regierung zu arbeiten. In der Haft wäre er beinahe ums Leben gekommen, hätte ihm seine Schwester nicht aufopferungsvoll geholfen. Bei anderer Gelegenheit wurde nachts ein Brandanschlag auf sein Haus verübt.

Ein brennendes Problem

Ein weiteres häufiges Hindernis bei der Einführung von FMNR ist der Einsatz und der Missbrauch von Feuer. Im Distrikt Talensi, Ghana, musste der Praxis des alljährlichen Niederbrennens von Buschland Einhalt geboten werden, sollte das dortige Wiederaufforstungsprojekt Erfolg haben. Die meisten Teilnehmer hielten es für schlechterdings unmöglich, Buschbrände zu verhindern, wobei sie immer neue Schuldige dafür verantwortlich machten. Zudem waren sie der Auffassung, dass die Regierung etwas dagegen unternehmen müsse – oder World Vision. An dieser Stelle musste ich all meine Überzeugungskunst aufbringen, um die Teilnehmer zur Übernahme von Verantwortung zu bewegen – für ein Problem, das im Wesentlichen ihres war. Entwicklungshilfe ist immer zweierlei: eine Kunst und eine Wissenschaft. Wir formulierten schließlich einen Aktionsplan, der die Gründung einer aus einhundert weiblichen und männlichen Jugendlichen bestehenden Freiwilligen Feuerwehr vorsah. Die für die Brandbekämpfung zuständige Lokalverwaltung übernahm die Ausbildung der Feuerwehr, brachte den Jugendlichen bei, wie man Bränden vorbeugt und sie im Ernstfall löscht. World Vision steuerte die Grundausrüstung zur Brandbekämpfung bei: Feuerwehrmonturen und Geräte zur Brandbekämpfung (Rechen, Jutesäcke, Eimer). Zur Vorbeugung schlugen die Dorfgemeinschaften

Brandschneisen durch den Busch. Und als zusätzlichen Anreiz schrieb die Provinzregierung einen Entwicklungszuschuss in Form von Schulförderungsmaßnahmen, Gesundheits- oder Wasserversorgungseinrichtungen aus – für jede Dorfgemeinschaft, auf deren Gebiet drei Jahre lang kein Buschfeuer tobte.

Manchmal spielt auch der pure Zufall eine Rolle. Nach dem Workshop in Ghana verwirklichte ein junger Dorfvorsteher zusammen mit der Bevölkerung ein FMNR-Pilotprojekt auf einem Hügel in Sichtweite seines Dorfes. Als er eines Tages in seinem mit überschaubaren Grasmatten abgetrennten »Buschbadezimmer« ein traditionelles »Eimerbad« einnahm, entdeckte er mit Schrecken ein Feuer, das sich auf die mühsam hochgezogenen Bäume auf dem Hügel zubewegte. Reflexartig packte der Chief seinen Wassereimer und rannte nur mit dem Badetuch bekleidet auf den Hügel, um das Feuer zu löschen. Der betretenen Dorfgemeinschaft war angesichts dieses Vorfalls schlagartig der Wert dieser Bäume bewusst – wenn sich ihr Chief zu ihrem Schutz in eine dermaßen kompromittierende Lage bringen ließ! Der junge Wald wurde schließlich gerettet, und im Bewusstsein der Dorfbewohner war ein wichtiger Meilenstein gesetzt.

Frieden zwischen Bienen und Kühen

Jede neue Entwicklungsmaßnahme findet in ihrem Projektgebiet spezifische Gegebenheiten vor, weil jede Gemeinschaft ihre ureigene Geschichte hat – oft auch mit hässlichen Seiten. So kommt es in afrikanischen Zusammenhängen immer wieder zu gewalttätigen Konflikten zwischen Bauern und Viehhirten. Im Jahr 2010 gründeten einige Bienenzüchter im ruandischen Bugesera-Distrikt eine Imkergenossenschaft mit dem Ziel, die Honigproduktion zu steigern. Mit ihrer Initiative kamen sie allerdings den ortsansässigen Viehhirten in die

Quere, deren Rinder in demselben Gebiet weideten, in dem die Bienenstöcke aufgestellt waren. Da die Bienen immer wieder über die weidenden Kühe herfielen und sie stachen, trieben die Viehzüchter ihre Rinder eines Tages über die Stöcke und zerstörten sie. Außerdem bestrichen sie ihr Vieh mit Insektengift, was vielen Bienen zum Verhängnis wurde.

In ebendieser Gegend startete World Vision im Jahr 2012 ein FMNR-Projekt. Als der Projektleitung der vor Ort herrschende Konflikt zu Ohren kam, nahm sie Kontakt zu beiden Parteien auf. Es gelang, die Viehhirten und Bienenzüchter zur Zusammenarbeit zu bewegen: Der Busch wurde ausgelichtet und einheimische Nutzbäume regeneriert. Auf diese Weise bekam sowohl das Vieh mehr Grünfutter wie die Bienenzüchter bessere Standorte für ihre Stöcke. Um die Bienen nicht zu provozieren, versprachen die Viehhalter, ihre Rinder von deren hölzernen Behausungen fernzuhalten und das Gras dort von Hand zu mähen.

Diese Konfliktlösung erwies sich für den Erfolg des Projekts als entscheidend. Die Regeneration der einheimischen Bäume vermehrte sowohl Menge wie Vielfalt der für die Bienenhaltung nötigen Blüten. Außerdem steht dem Vieh durch die Regenerierung der Landschaft heute mehr Grünfutter zur Verfügung. Aus den einheimischen Baumarten lassen sich darüber hinaus Wirkstoffe gewinnen, die zur Behandlung von Gesundheitsproblemen bei Menschen wie bei Nutztieren eingesetzt werden können. Schließlich wurde auch die Honigmenge verdoppelt und seine Qualität aufgrund der gesteigerten Baumartenvielfalt verbessert. Mit dem gestiegenen Einkommen konnte sich die Imkergenossenschaft wiederum bessere Bienenstöcke anschaffen: Statt eines Teufelskreis kam ein Engelskreis in Gang.

Die Versöhnung der beiden Interessengruppen brachte beiden Seiten nur Vorteile. Die Imker können bei den Viehhirten Milchprodukte einkaufen, während Letztere ihren Speiseplan um Honig erweitern können. FMNR diente als Bindeglied, um die Konkurrenten natürlicher Ressourcen zusammenzubringen und existenzielle Probleme gemeinsam zu lösen. Die Ergebnisse sind erstaunlich. In einigen Regionen konnten die Konflikte zwischen Bauern und Viehhirten um 70% reduziert werden. Der bisherige gnadenlose Wettbewerb um schwindende Ressourcen wurde entschärft: Eine breitere Vielfalt der natürlichen Lebensgrundlagen machte es möglich. Fortan gab es mehr Grünfutter für die Nutztierhaltung, mehr Brennholz, mehr Nahrungsmittel und in einigen Fällen sogar mehr Wasser für die Menschen. Es ist großartig, wenn bisher als Konkurrenten auftretende Gruppen zu der Einsicht kommen, dass es in ihrem gegenseitigen Interesse liegt, die natürlichen Lebensgrundlagen wiederherzustellen und nachhaltig zu verwalten.

Eine Möglichkeit zur Verhinderung von Konflikten besteht in der Verabschiedung einvernehmlicher und für alle verbindlicher Gemeindesatzungen. Diese Satzungen mit Gesetzescharakter legen die Rechte und Pflichten fest, die hinsichtlich der Baum- und Landschaftspflege gelten sollen, und definieren darüber hinaus die Sanktionen, die bei Verstößen gegen die Gemeindesatzung verhängt werden. In einer solchen Satzung wird zum Beispiel festgelegt, wer über Holzeinschlagrechte verfügt, auf welche Weise die Holzfällung zu erfolgen hat und für welche Zwecke das Fällen von Bäumen zulässig ist. Weiterhin legt das lokale Grundgesetz fest, welche Strafen für illegales Holzfällen drohen und wer diese Strafen verhängen kann.

Im Rahmen eines World-Vision-Projekts in Tansania wurden kommunale Grundstücke an kleinere FMNR-Projektgruppen verpachtet, die unter Aufsicht der Projektleitung gegründet worden waren. In einigen Fällen verfolgten einzelne Projektteilnehmer ausgeprägte Eigeninteressen. Anstatt ihren Beitrag für die Gemeinschaft zu leisten, holzten sie ohne Erlaubnis Bäume ab. Dank der zu Beginn des Projekts vereinbarten Gemeindesatzung und ihrer klaren Regeln konnten die Leute, die sich nicht an die Regeln hielten, aus der Gruppe ausgeschlossen werden. Wenn solche Satzungen in Abstimmung mit staatlichen Autoritäten entwickelt werden, haben die FMNR-Mitglieder die Sicherheit, von den Behörden bei der Durchsetzung ihrer Rechte im Ernstfall unterstützt zu werden. Der Rückhalt durch die Staatsgewalt kann abschreckende Wirkung auf potenzielle Abzocker haben.

Durchbruch in Humbo

Ein Durchbruch für den Stellenwert von FMNR innerhalb World Vision gelang im Jahr 2006 mit der Umsetzung des Projekts »Community Managed Natural Regeneration« (CMNR) in Humbo, Äthiopien. Dieses hochkarätige Projekt zur Kohlenstoffsequestrierung erfolgte im Rahmen des Clean Development Mechanism unter Beteiligung der Weltbank, der äthiopischen Regierung, den Bewohnern des Humbo-Gebiets sowie World Vision. Es handelte sich um das erste Emissionshandelsprojekt der Hilfsorganisation. Viele World-Vision-Mitarbeiter sahen im CO_2-Emissionshandel eine potenzielle neue Einnahmequelle für die Entwicklungsprojekte des Hilfswerks und verfolgten das Projekt in Humbo alleine schon deshalb mit großem Interesse. Aus Äthiopien, den benachbarten ostafrikanischen Staaten und der ganzen Welt kamen Besucher, die den Wandel in Humbo mitverfolgen wollten und sich inspirieren ließen.

Das Projektziel ist die Regenerierung von 2728 Hektar Land, die früher einmal bewaldet waren, dann aber stark beschädigt wurden. Mithilfe der Verbesserung der natürlichen Umweltbedingungen sowie finanzieller Einnahmen über den CO_2-Zertifikatehandel soll die Grundlage für eine Verbesserung der Lebensbedingungen der in diesem Gebiet lebenden Dorfgemeinschaften gelegt werden.

Der Projektvertrag hat einen Gesamtwert von USD 638 000, und die Einnahmen aus dem CO_2-Emissionshandel beliefen sich bis Dezember 2017 auf USD 554 680. Das Projekt unterstützte die Dorfgemeinschaften bei der Gründung von Genossenschaften, die diese Einnahmen sinnvoll investierten. Durch den Bau von Getreidespeichern wurden die Genossenschaftsmitglieder in die Lage versetzt, einen fairen Preis für ihr Getreide zu erzielen, wenn die Marktpreise hoch sind. Außerdem haben die Mitglieder die Möglichkeit, von ihrer Genossenschaft Getreide unter dem Marktpreis einzukaufen, falls ihre eigenen Nahrungsmittelvorräte zur Neige gehen. Durch die Einrichtung von Getreidemühlen konnten außerdem die Frauen entlastet werden, die zuvor weite Strecken zu Fuß zurücklegen mussten, um ihr Getreide mahlen zu lassen.

Die Führung eines Emissionshandelsprojekts erwies sich allerdings als aufwändiges und teures Unterfangen, und die Käufer von CO_2-Emissionsrechten übernehmen nicht die Investitionskosten zur Etablierung solcher Projekte. Die Erarbeitung eines Angebots für den Emissionshandel, die Verhandlungen mit der Regierung und den Käufern von CO_2-Emissionsrechten, die Ermittlung des CO_2-Basiswerts, die Abgrenzung der verschiedenen Vegetationsschichten und die Schätzung der Kohlenstoffbindungsquoten erfordern erhebliches technisches und betriebswirtschaftliches Know-how. Der Weltmarktpreis für CO_2 ist zurzeit eher niedrig. Dies erschwert außerdem die Etablierung neuer forstwirtschaftlicher Emissionshandelsprojekte. Die mit solchen Projekten verbundenen Kosten und deren komplizierte Verwaltung schließen diejenigen Bauern vom CO_2-Emissionshandel aus, die keine Beziehungen zu gut organisierten Nichtregierungsorganisationen haben.

In diesem Zusammenhang ist es auch wichtig, die mit jedem neuen Projekt verbundenen Erwartungen auf eine realistische Grundlage zu stellen. Dies gilt besonders für Vorzeigeprojekte wie in Humbo. Regelmäßige Bestandsaufnahmen und gute Kommunikationsstrategien sind unerlässlich. Ich habe viele Male darauf hingewiesen, dass die Einnahmen aus dem Emissionshandel für die teilnehmenden Dorfgemeinschaften ein Segen und hochwillkommen sind. Doch der wichtigste und nachhaltigste Nutzen der FMNR-Projekte ist ein unmittelbarer: ein günstigeres Mikroklima, weniger Überschwemmungen, regelmäßige Verfügbarkeit von Brennholz und Futtermitteln etc. Leider fixierten sich die Leute in Humbo allzu sehr auf die mit dem Emissionshandel zu erzielenden Geldeinnahmen. Das Problem mit dieser Erwartung ist vor allem die zeitliche Verzögerung zwischen Projektbeginn und der Auszahlung der Emissionsgutschriften. In diesem Zeitraum steigt die Nervosität bei den Menschen, die in der Regel kaum über Reserven verfügen und oft mit Hunger konfrontiert sind. Hätten sich die Zahlungen in unserem Fall noch länger hinausgeschoben, wäre das Projekt womöglich gescheitert. Die Gemeindevorsteher vertrauten darauf, dass World Vision sein Versprechen einhalten würde. Doch beim Versuch, die Menschen zur Geduld zu ermahnen, schlug ihnen immer massivere Kritik entgegen.

Um die strengen Anforderungen der Käufer von CO_2-Emissionsrechten zu erfüllen, die eine Garantie haben wollten, dass das Volumen an gebundenem Kohlenstoff steigt, ohne dass dies an anderer Stelle zur Entwaldung führt, war es notwendig, die menschlichen Aktivitäten im Wiederaufforstungsgebiet zu beschränken. Um die negativen Auswirkungen auf ärmere Haushalte möglichst gering zu halten, wurde vor Durchführung des Projekts ein Sozialplan aufgestellt. Zunächst ermittelten wir die hilfsbedürftigsten Mitglieder der Dorfgemeinschaft sowie all diejenigen, deren Lebensunterhalt von den Einschränkungen der Waldbewirtschaftung betroffen war, wie etwa die Köhler. Diesen Bevölkerungsgruppen widmeten wir dann unsere besondere Aufmerksamkeit. Sie erhielten über ein Food-for-Work-Programm Getreide und bekamen neue Beschäftigungsmöglichkeiten als Waldhüter, Baumschulgärtner oder im Straßenbau. Auch wurden Kleinkredite für die Gründung von Kleinstunternehmen wie Imkerbetriebe, Schneidereien oder auch Frisörsalons zur Verfügung gestellt. Diese Art von Unterstützungsmaßnahmen glichen die erlittenen Verluste beim Lebensunterhalt nicht nur aus, sondern bedeuteten in vielen Fällen sogar eine spürbare Verbesserung der wirtschaftlichen Verhältnisse der betroffenen Personen.

Mit der zunehmenden Erholung der Baumvegetation im Projektgebiet tauchten allerdings neue Probleme auf. Aus der Luft betrachtet sticht das Humbo-Gebiet als riesige sattgrüne Raupe aus der kahlen, von der Sonne verbrannten Umgebung hervor. Es war daher absehbar, dass die regenerierten Flächen ein Magnet für Wildtiere werden würde. Am stärksten betroffen sind die Bauern in unmittelbarer Nähe zum Wald. Affen und Wildschweine fallen über ihre Ackerflächen her, und die Landwirte sind gezwungen, ihre Feldfrüchte zu bewachen, um die Ernteerträge zu schützen. Es kommt vor, dass Ziegen von Wildkatzen (möglicherweise Leoparden) gerissen werden, auch Menschen wurden bereits angegriffen. Glücklicherweise verfügen die Genossenschaften über Einnahmen aus dem CO_2-Emissionshandel, die sie für die Entschädigung von Bauern verwenden können. Allerdings sind bis heute noch keine optimale Lösungen für den Konflikt zwischen Menschen und Wildtieren gefunden worden. Die Regierung will, dass Tiere und Fauna geschützt bleiben, doch einige Dorfbewohner fordern ein zumindest eingeschränktes Jagdrecht. Das halten andere wiederum für zu gefährlich, weil die wilden Tiere dann innerhalb kürzester Zeit wieder ausgerottet werden könnten. Ein möglicher Ausweg wird in der Förderung des Ökotourismus gesehen: Aus diesem Grund erhielten einige Gemeindemitglieder bereits Schulungen für Tätigkeiten im Ökotourismus.

Bevor das Projekt begann, waren die Dorfgemeinschaften im Gebiet des Humbo-Berges fast ständig auf Nahrungsmittelhilfe angewiesen. Bereits sechs Jahre nach Projektbeginn konnten die sieben Dorfgemeinschaften, die für Unterhalt und Pflege des Humbo-Waldes zuständig sind, stattliche 106,7 Tonnen Getreide an das Welternährungsprogramm der Vereinten Nationen (WFP) verkaufen. Im Jahr 2016, als in weiten Teilen Äthiopiens Dürre herrschte und die Menschen mit massiver Nahrungsmittelknappheit zu kämpfen hatten, vermochten sich die Bewohner im Humbo-Gebiet selber zu versorgen.

Die Würde des Menschen ist wiederherstellbar

Die Auswirkungen von FMNR auf die natürliche Umwelt, die Lebensbedingungen der Menschen und die Ernährungssicherheit sind unübersehbar. In Westafrika stellten wir jedoch noch etwas anderes, womöglich sogar Bedeutsameres fest: Dass die Menschen ganz allmählich wieder Hoffnung schöpften. Die Mobilisierung der Dorfgemeinschaften, das beharrliche Erklären unseres Konzepts, das Aufstellen der Arbeitsplanungen, das Überwinden von Problemen, das vereinte Arbeiten auf ein gemeinsames Ziel hin, das Erreichen sichtbarer Erfolge und schließlich die Erfahrung spürbarer Verbesserungen der eigenen Lebensumstände löste in den Beteiligten wieder Zuversicht aus. Wir erlebten, wie die Menschen ihre Würde wiederfanden.

Man kann sich kaum vorstellen, wie verheerend es für die Moral von Eltern ist, wenn sie ihre eigenen Kinder nicht anständig ernähren, kleiden und ausbilden können. Jahr für Jahr von der Armut niedergedrückt zu werden, hinterlässt tiefe Spuren im Menschen. Viel zu viele Kleinbauern haben ein geringes Selbstwertgefühl und sehen kaum einen Ausweg aus ihrer misslichen Lage. In solchen Situationen macht sich unweigerlich Hoffnungslosigkeit breit. Eine der größten Belohnungen, die mir meine Arbeit gibt, ist die Verwandlung miterleben zu können, die wiederhergestellte Hoffnung mit sich bringt. Die Menschen fühlen sich befreit. Sie beginnen, wieder an sich selbst zu glauben, gewinnen Vertrauen in ihre eigenen Fähigkeiten und planen für ihre Zukunft. Sie interessieren sich für neue landwirtschaftliche Methoden und investieren in Verbesserungen – wodurch sich ihre Situation weiter stabilisiert.

Während ich meine 18-jährige Tätigkeit im Niger abwickelte, bekam ich Besuch von einigen kanadischen Kolleginnen und Kollegen, die sehen wollten, was ich erreicht hatte. Wir steuerten eines der FMNR-Dörfer an, und bevor wir zu den umliegenden Feldern hinausfuhren, machten wir es uns im Schatten eines Baumes auf dem Dorfplatz bequem, wo gewöhnlich die Versammlungen stattfinden. Mehr und mehr Bewohner gesellten sich zu uns, und wir begannen eine Bestandsaufnahme. Ich fragte sie, was sie für das Wichtigste meiner Arbeit in den zurückliegenden Jahren hielten, und dachte, sie würden vor allem die gebannte Hungergefahr erwähnen. Schließlich wurden dadurch Menschenleben gerettet. Die Nahrungsmittelhilfe ermöglichte es den Menschen, in ihrer Heimat zu bleiben, ihre Felder zu bestellen und in der folgenden Saison ihre Feldfrüchte zu ernten. Vielleicht würden sie auch den Brunnen erwähnen, den wir zusammen gegraben hatten. Zuvor hatten die Frauen täglich viele Stunden damit verbracht, Wasser aus ungesicherten Behelfsbrunnen zu schöpfen, die jederzeit einzustürzen drohten. Womöglich würden auch die energiesparenden Kocher zur Sprache kommen, die wir eingeführt hatten. Oder die Zai-Kompostgruben, mit deren Hilfe die Ernteerträge verdoppelt werden konnten. Oder die schnell wachsenden, dürreresistenten Akazienbäume mit ihren nahrhaften Samen. Zu meiner Überraschung wurde keine dieser Errungenschaften erwähnt. Gewiss würden sie auf FMNR zu sprechen kommen, war ich überzeugt: Schließlich hatten die Dorfbewohner miterlebt, wie aus einer vom Wind gepeitschten und verödeten Landschaft in nur wenigen Jahren ein intaktes Ökosystem wiederhergestellt wurde. Immerhin konnte damit das Risiko von Ernteausfällen stark reduziert und die Einnahmequellen der Kleinfarmer diversifiziert werden. Die Frauen konnten ihr Brennholz wieder in unmittelbarer Dorfnähe sammeln und vieles mehr. Aber nichts dergleichen: FMNR blieb unerwähnt.

Ich war zunächst etwas enttäuscht. Doch was die Menschen stattdessen erzählten, bewegte mich schließlich noch mehr. Sie sagten: *»Mr. Tony, bevor dieses Projekt zu uns kam, waren wir nichts. Wir waren niemand. Alles, was wir von unserem Provinzgouverneur zu sahen bekamen, war der Staub, den sein Geländewagen aufwirbelte, wenn er durch unser Dorf fuhr. Staatliche Forstbeamte tauchten nur zu dem Zweck auf, uns für das Abholzen von Bäumen zu bestrafen. Und alles, was wir von der Außenwelt mitbekamen, waren die BBC-Nachrichten im Radio. Für uns interessierte sich keiner. Heute weiß die Welt, dass es uns gibt – dank dieses Projekts. Wir sind jemand. Unser Provinzgouverneur kommt zu uns, um unseren Rat zu hören. Die Forstbeamten empfehlen uns als Beispiel, dem das ganze Land folgen* *soll. Und die Welt – Besucher aus Kanada, den USA, Australien und Europa kommen zu uns, um zu sehen, was wir erreicht haben.«* Was hier passiert war: Die Menschen hatten ihre Stimme in der Welt gefunden. Sie hatten Respekt gewonnen und waren stolz auf sich geworden. Das war das Allerwichtigste.

So durchdacht unsere Projektpläne auch immer sein mögen: Für die Entstehung einer ökologischen Bewegung kommt es ganz wesentlich darauf an, der Bevölkerung die direkte Beziehung zwischen einer nachhaltigen Landschaftspflege, wie sie FMNR bietet, und den existenziellen Bestrebungen, dem Selbstwertgefühl und der Würde der Menschen bewusst zu machen. Was im Niger geschah, war nicht etwa ein technologischer Erfolg, und es waren auch keine enormen finanziellen Mittel vonnöten. Es war ein von Menschen erzielter Durchbruch. Wir werden die riesigen Flächen zerstörter Felder und Wälder nur wiederherstellen können, wenn wir den Weg zusammen mit den Menschen gehen, deren Leben davon abhängt. Und während wir gemeinsam lernen, diese Landschaften zu erneuern und zu erhalten, stellen wir das Selbstwertgefühl und den Stolz der Bevölkerung wieder her: Was kann man mehr erwarten?

Hoffnung für Trockengebiete: »Farmer Managed Natural Regeneration« ist die richtige Antwort auf die ruinöse Landdegeneration

Dennis Garrity

Einleitung

Tony Rinaudo hatte Mitte der 1980er-Jahre im Niger eine Eingebung über die Bedeutung der »Farmer Managed Natural Regeneration« (FMNR) als einer bahnbrechenden Methode zur Regenerierung afrikanischer Trockengebiete. Die Reise, die mit dieser Eingebung begann und in den vorangegangenen Kapiteln dieses Buches beschrieben wurde, war ein mächtiger Neuanfang. Doch dabei blieb es nicht. Rinaudos hartnäckiges Engagement und seine unerschütterliche Entschlossenheit hat die Chancen dieser Methode bekannt gemacht – erst in einigen Pilotprojekten in der Provinz Maradi im Niger, später in immer weiteren afrikanischen Ländern und schließlich weltweit. Nur diese Entschlossenheit verhalf seiner »Entdeckung« zu ihrer heutigen globalen Bedeutung. Tony Rinaudo hat es sich zur Lebensaufgabe gemacht, Tausende von Bauern und Hunderte von Kollegen zu inspirieren, um ihnen das Potenzial dieser bahnbrechenden Praxis nahezubringen. Heute ist FMNR als grundlegende Methode zur produktiveren und nachhaltigeren Landbewirtschaftung in den Trockenregionen Afrikas, Asiens und der Welt im Allgemeinen anerkannt. Dass es dazu kam, ist vor allem anderen Tony Rinaudos Beharrlichkeit zuzuschreiben.

FMNR ist eine Praxis, die im direkten Widerspruch zum konventionellen Paradigma der Landwirtschaft steht: dass der Anbau von Nutzpflanzen auf sauberen und baumlosen Feldern stattfinden sollte. Ein Paradigmenwechsel, wie ihn FMNR fordert, muss auf einem soliden Fundament aus Beweisen stehen, die von den Erfahrungen der Farmer sowie der wissenschaftlichen Forschung gedeckt werden. Unser Wissensstand wuchs in den Jahrzehnten nach Rinaudos Entdeckung im Niger kontinuierlich an: Noch heute vergrößert sich die Beweisgrundlage in raschem Tempo. Mittlerweile liegen ausführliche Unterlagen über Millionen von bäuerlichen Familienbetrieben vor, die FMNR erfolgreich anwenden – auf ihren Farmen, den Gemeindewäldern und dem Weideland. Darüber hinaus steht in zunehmendem Umfang auch einschlägige Forschungsliteratur zur Verfügung, die die Beobachtungen der Landwirte über die vielschichtigen Vorteile dieser Methode untermauern. Dieser Beitrag sucht beiden Aspekten weiter nachzuspüren: Was die Wissenschaft über die Gründe für das riesige Potenzial dieser Methode weiß. Und was wir aus der immer schnelleren Ausbreitung der FMNR-Methode für die Chancen ihrer künftigen großflächigen Anwendung schließen können.

Ökologisch-politischer Hintergrund

Das Interesse an Entwicklungsfragen in den afrikanischen Trockenregionen ist in den letzten Jahren gewachsen. Das liegt größtenteils an der Erkenntnis, dass diese Regionen im Lauf der vergangenen drei Jahrzehnte immer wieder zum Ziel beträchtlicher humanitärer Hilfsaktionen geworden sind und noch immer werden. Gegenwärtig geben sie außerdem zu großer Sorge über wachsende Unsicherheit und Konflikte Anlass. Trotzdem wurde bislang nur wenig in die Entwicklung der Menschen in diesen Regionen investiert, um ihre Widerstandsfähigkeit zu stärken und ihre Abhängigkeit von äußerer Hilfe zu verringern. Das neu erwachte Interesse an den Ländern der Sahelzone konzentriert sich auf die Unterstützung von Ackerbau und Viehhaltung sowie auf die Stärkung widerstandsfähiger Lebensformen mithilfe agrarischer Güter. Bemühungen dieser Art werden allerdings nur begrenzte Wirkung haben, wenn sie keinen breiteren systematischen Ansatz haben, der auf die von Bäumen hergestellten Synergien in den landwirtschaftlichen Systemen aufbaut und auf eine gemeinsame Perspektive von Feldfrüchten, Bäumen und Vieh ausgerichtet ist.

Die Völker, die in den Trockenregionen der Erde leben, haben im Verlauf von Jahrtausenden eine bemerkenswerte Anpassungsfähigkeit entwickelt, um die Herausforderungen zu bewältigen, mit denen sie konfrontiert sind. Dies hat sie in die Lage versetzt, sich nach Zeiten von Naturkatastrophen wie Dürren, Überschwemmungen und Waldbränden rasch wieder zu erholen. Das in den letzten Jahrzehnten zu verzeichnende sehr hohe Bevölkerungswachstum in Ländern der Trockenzone sowie die zunehmende Häufigkeit und Intensität von Dürren haben diese Anpassungs- und Widerstandsfähigkeit der Menschen allerdings erheblich geschwächt.

Die wichtigsten Feldfrüchte in den Trockenregionen werden seit alters her in von Bäumen durchsetzten Feldern angebaut. Diese Form der Landnutzung in der Sahel-Zone wird als Agrarforst-Parklandschaft bezeichnet (Boffa 1999). In abgewandelter Form ist die Agrarforst-Parklandschaft auch in den Trockenregionen des östlichen und südlichen Afrika verbreitet (Dewees 1995).

Bäume in diesen Agroforstsystemen sind häufig auch Lieferanten wichtiger Produkte für den alltäglichen Bedarf wie Holz, Kautschuk, Öl oder Obst. Darüber hinaus liefern sie Nebenprodukte für die Erzeugung anderer Produkte der Landwirtschaft: Das Blattwerk der Bäume wird als Viehfutter verwendet, das wiederum Fleisch und Milchprodukte hervorbringt; Baumnektar kann für die Herstellung von Honig genutzt werden;

und die Blätter vieler Bäume werden als natürliche Düngemittel zur Verbesserung der Bodenqualität und der Ernteerträge herangezogen. In den afrikanischen Trockenregionen ist eine beträchtliche Anzahl von Baumarten beheimatet, die wichtige und begehrte Naturprodukte liefern. Dazu gehören der Baobab-Baum (Affenbrotbaum, *Adansonia digitata*), der nahrhafte Früchte und Blätter hervorbringt; der Shea-Baum (*Vitellaria paradoxa*), der Öl fürs Kochen und die Herstellung von Schokolade und Kosmetika liefert; der Gummiarabikumbaum (*Acacia senegalensis*), dessen Gummi als Stabilisator in Limonaden und anderen Süßwaren verwendet wird; und schließlich der Akazien-Baum *Faidherbia albida,* der die Böden mit Nährstoffen anreichert und nährstoffreiche Hülsenfrüchte sowie Laub für Ziegen und Kühe hervorbringt. Bäume leisten auf den Feldern auch ökologische Dienste: Sie sichern die Böden vor Erosion, halten sie feucht und sorgen für ein günstiges Mikroklima, das die angebauten Feldfrüchte vor Wind, Hitze und anhaltender Trockenheit schützt.

Baumgestützte Systeme haben für die Landschaft regenerierende oder auch restaurierende Wirkungen, die großflächig erzielt werden können. Sie erfüllen eine Vielzahl von Funktionen, die die Qualität der Ressource Land verbessern, und haben zusätzlichen Nutzen für das Ökosystem – sie schützen Wassereinzugsgebiete und fördern die Artenvielfalt. Die Methode der natürlichen Regenerierung von Bäumen kann praktisch für sämtliche Landnutzungsformen angewandt werden – für Felder, Wälder, Buschland sowie Weideland. Die Wiederherstellung einer ökologisch stabilen Kulturlandschaft in großem Maßstab wurde dank der Bemühungen von Millionen Landbewohnern in einer Vielzahl von Ländern erreicht. Als Beispiele dienen die Wiederherstellung einer geschlossenen und dauerhaften Vegetationsdecke auf Farmen im Niger, in

Mali, dem Senegal und Malawi sowie die großflächige Wiederherstellung von Wassereinzugsgebieten in Äthiopien.

»Farmer Managed Natural Regeneration« und »Assisted Natural Regeneration«

Man muss zwischen Systemen unterscheiden, die auf der Regenerierung von Bäumen beruhen, und solchen, die auf die gezielte Bepflanzung und Pflege bestimmter Baumarten setzen. Die natürliche Regenerierung von Bäumen führt zur Entstehung einer Vielfalt an einheimischen Arten, die landwirtschaftlich genutzt werden können. Sie liefern eine ganze Reihe von Produkten und erfüllen darüber hinaus wertvolle ökologische Funktionen. In den trockeneren Gebieten Sub-Sahara-Afrikas erfolgt die natürliche Regenerierung von Bäumen ganz überwiegend durch die in diesen Gebieten ansässige Landbevölkerung (über 90%).

Dies kann durch die von den Bauern auf ihren Anbauflächen durchgeführte Regenerierung von Bäumen, also die »Farmer Managed Natural Regeneration« (FMNR), geschehen oder die »Assisted Natural Regeneration« (ANR), bei der auf abgezäuntem Gelände Weideland oder Waldflächen wiederhergestellt werden. Diese beiden Methoden bestehen im Wesentlichen aus der gezielten Auswahl und Pflege verschiedener einheimischer Baumarten, die an die ökologischen Standortfaktoren optimal angepasst und deren Regenerierungskosten gering sind. Beide Methoden expandieren derzeit in großem Maßstab in sämtlichen ariden und semi-ariden Trockenregionen der Welt. Sie sind mittlerweile als die beste Antwort auf die ökologischen Probleme der Landnutzung in diesen Erdregionen anerkannt. Die Regenerierung von Bäumen kann prinzipiell sämtliche Flächen einer Farm betreffen, also sowohl die Felder selbst wie die Feldbegrenzungen. Das Ergebnis ist idealerweise ein Mosaik an Bäumen, die in die verschiedenen Landnutzungen eingebettet sind, also in Getreide- und Gemüsefeldern, Weideflächen sowie zeitweise brach liegenden Nutzflächen.

Das systematische Pflanzen bestimmter Baumarten, die wirtschaftlich verwertbare Produkte und ökologische Dienste liefern, kann mit der Wiederbegrünung verbunden werden. Diese Praxis ist besonders in den sub-humiden und humiden Klimazonen verbreitet, wo die Niederschläge ergiebiger sind und die Baumsetzlinge bessere Überlebenschancen haben. In diesen Regionen ist auch die Gefahr von Verlusten ausgewachsener Bäume durch Trockenheit weniger ausgeprägt, und die Produktivität der gepflanzten Bäume ist gewöhnlich höher. Das kompensiert die höheren Kosten, die durch den Kauf der Setzlinge aus Baumschulen entstehen.

FMNR und ANR sind die kostengünstigsten Methoden der großflächigen Regenerierung mit hochwertigen, vielfältigen und an die jeweiligen Standorte angepassten Nutzbäumen. Beiden Strategien ist gemein, dass einzelne Farmer oder ganze Dorfgemeinschaften die Wiederherstellung ihrer natürlichen Umwelt aktiv beeinflussen, um auf ihrem Land einen Baumbestand zu schaffen, der ihren Bedürfnissen dient. Auf individuell bewirtschaftetem Agrarland lässt der Farmer die aus alten Wurzelstöcken sprießenden Triebe wachsen und beschneidet sie. Auf Gemeindeland wenden die lokalen Dorfgemeinschaften prinzipiell dieselben Methoden wie auf dem Agrarland an, müssen darüber hinaus aber auch ein System zum Weidemanagement einführen, um das Wachsen der jungen Bäume zu schützen. Im Rahmen beider Landschaftspflegesysteme ist es erforderlich, die nachwachsenden Jungbäume zu hegen, ihre Standorte von Unkraut freizuhalten und in wachstumsfördernder Weise zurückzuschneiden.

Seit einigen Jahren erfreut sich FMNR in vielen Trockenregionen des westlichen, östlichen und südlichen Afrika wachsender Beliebtheit. Aufgrund der Tatsache, dass FMNR nur geringe oder überhaupt keine finanziellen Mittel erfordert, kann sich die Methode schnell unter den Landwirten und Dorfgemeinschaften verbreiten. Das Beispiel Niger zeigt auf spektakuläre Art und Weise, wie rasant und großflächig das geschehen kann. Aber der Niger war nur der Anfang. Eine in Mali, Burkina Faso, dem Niger und Senegal durchgeführte Studie fand heraus, dass mittlerweile nahezu sämtliche Bauern auf ihrem Land wieder Bäume zulassen und pflegen (Place und Binam, 2013).

Agroforstsysteme für die Bewirtschaftung natürlicher Ressourcen

Die landwirtschaftlichen Erzeugnisse und ökologischen Vorteile, die sich durch FMNR erzielen lassen, variieren von Standort zu Standort, je nach den Baumarten, die auf den betreffenden Flächen von den Bauern gepflegt werden. In der gesamten Sahel-Zone werden über hundert verschiedene Baumarten von Farmern mittels natürlicher Regenerierung gehalten. Sie sind für die dort lebenden Menschen von hohem Wert (Place und Binam, 2013), weil sie sowohl Nahrungsmittel für den menschlichen Verzehr liefern (im Wert von über USD 200 pro Haushalt und Jahr) sowie Futtermittel für die Nutztiere während der späten Trockenzeit bieten. Die Bäume wirken sich außerdem ertragssteigernd auf den Feldbau aus – im Fall von Hirse und Sorghum sorgen sie für eine um 15–25 % höhere Ernte.

Bäume übernehmen eine Vielzahl ökologischer Funktionen. An erster Stelle zu nennen sind die Kohlenstoffsequestrierung, der Grundwasserschutz und die Versorgung der Böden mit Nährstoffen. Bäume binden das Kohlendioxid in einem relativ stabilen Verhältnis von 0,5 ihres Biomasse-Trockengewichts. In semi-ariden Regionen ist die oberirdische Kohlenstoffbindung einer auf natürliche Weise regenerierten Feldfläche mit rund einer Tonne pro Hektar im Jahr zu veranschlagen. Ein zusätzliches Drittel einer Tonne an CO_2 wird unterirdisch gebunden. Regenerierte Systeme liefern als Nebenprodukt außerdem eine große Menge an düngendem Stickstoff und verbessern den Boden auch in vielerlei anderer Hinsicht, etwa durch die Anreicherung mit Kohlenstoff und die Verbesserung physikalischer Bodeneigenschaften.

Die wirtschaftliche Existenz eines Haushalts kann dann als nachhaltig bezeichnet werden, wenn er widrige Lebensumstände und Katastrophensituationen überstehen und sich davon wieder erholen kann. Ein solcher Haushalt muss darüber hinaus in der Lage sein, die materiellen Ressourcen und Fähigkeiten des Familienverbandes dauerhaft zu erhalten beziehungsweise weiter auszubauen, ohne dabei die natürlichen Lebensgrundlagen übermäßig zu beanspruchen (DFID 2000). Die Menschen in den Trockenregionen sind mit einer ganzen Reihe von Naturgefahren konfrontiert, an erster Stelle den häufig auftretenden Dürren. Weitere Katastrophenszenarien sind Überschwemmungen, Tierseuchen und Epidemien beim Menschen, die oftmals durch Dürren und Überschwemmungen ausgelöst oder verstärkt werden. Auch vom Menschen verursachte Risiken spielen eine Rolle, wie schwache staatliche Institutionen und inkompetente Politiksysteme. Solche Faktoren verschlimmern die Auswirkungen der natürlichen Widrigkeiten noch. Kriegerische Auseinandersetzungen stellen ein weiteres in Trockenregionen häufig auftretendes Katastrophenszenario dar. Man denke nur an den schon seit fast 30 Jahren andauernden Bürgerkrieg in Somalia, die durch kriegerische Konflikte destabilisierten Landesteile im Norden Malis und im Niger, im Nordosten Nigerias und in der gesamten Zentralafrikanischen Republik. Die Trockenregionen sind außerdem für wirtschaftliche Risiken anfällig, in erster Linie Engpässe von Nahrungsmitteln und Viehfutter oder Preissteigerungen bei Nahrungs- und landwirtschaftlichen Betriebsmitteln wie Saatgut oder Dünger.

Die Schadensanfälligkeit von Haushalten geht meist mit extremer Armut einher, vor allem, wenn verarmte Familien nur über beschränkte Optionen zum Bestreiten ihres Lebensunterhalts verfügen. Sie sind außerdem größeren Risiken ausgesetzt, die ihre Lebensgrundlagen betreffen. Ein typisches Beispiel dafür sind lang anhaltende Dürren in den Trockenregionen, in deren Folge die Nahrungsmittelpreise in die Höhe schießen, die Tiere nomadisch lebender Viehhirten oder auch sesshafter Nutztierhalter leiden und im schlimmsten Fall sogar sterben. In solchen Situationen kann es für die Landbevölkerung schwer sein, mit Notverkäufen die eigenen Viehbestände zu vermindern und vom Erlös Nahrungsmittel zu kaufen. Viele in Not geratene Familien bringen ihre Viehherden dann gleichzeitig auf den Markt, was die Preise einbrechen lässt. In der Folge geraten diese Menschen in eine fatale Abwärtsspirale ihrer wirtschaftlichen Existenz.

Belastbarkeit ist ein wünschenswertes, der Anfälligkeit entgegengesetztes Entwicklungsziel. In diesem Zustand stehen den Menschen Ressourcen zur Verfügung, mit denen sie sich gegen die oben genannten Risiken schützen können. Einen völligen Schutz vor den Folgen von Dürren, Überschwemmungen und anderen ökologisch-physischen Faktoren gibt es allerdings nicht.

Bäume gegen Stürme

Die Bewohner afrikanischer Trockenregionen können sich gegen die Folgen von Umweltkatastrophen relativ schlecht wappnen – außer aus der betroffenen Gegend wegzuziehen. Ein Haushalt, der in einem von Unwettern oder Preisschocks mitgenommenen Gebiet liegt, wird davon zwangsläufig in Mitleidenschaft gezogen. Wenn allerdings viele Haushalte gemeinsam handeln, können sie ihre Gefährdung reduzieren. Ein Beispiel dafür ist die Regenerierung landwirtschaftlicher Nutzflächen im südlichen Zentral-Niger. Die Häufigkeit und Intensität von Staubstürmen in dieser Region ist deutlich zurückgegangen, nachdem die ortsansässigen Dorfgemeinschaften im Zuge eines FMNR-Projekts auf einem sehr großen Gebiet wieder für einen zusammenhängenden Baumbewuchs sorgten. Die Landwirte waren auf ihren baumlosen Feldern zuvor oftmals gezwungen, ihre Saat mehrfach auszubringen, weil ungebremste Winde austreibende Keimlinge zudeckten oder eingehen ließen. Auf Flächen mit intaktem Baumbestand werden die Windgeschwindigkeiten dagegen deutlich abgebremst, eine Aussaat ist dort nur noch einmal nötig.

Auf der Makroebene ergaben Modellierungsstudien, dass Ländereien mit Bäumen höhere Gesamtverdunstungsraten (Evapotranspiration) aufweisen, weswegen es in entgegen der Windrichtung gelegenen Regionen zu größeren Niederschlägen kommt (Ent et al. 2010).

Bäume als Katastrophenschutz

Bäume sind zwar nicht immun gegen den Klimawandel, aber ihr Wurzelwerk ermöglicht ihnen die Nutzung tiefer liegender Grundwasserschichten. Damit sind sie unempfindlicher gegenüber starken Niederschlagsschwankungen. Diese relative Robustheit prädestiniert Bäume dazu, eine besonders wichtige Rolle bei der Abmilderung von mindestens drei Belastungsszenarien einzunehmen: witterungsbedingte, klimabedingte und gesundheitsbedingte Katastrophenszenarien (Place et al, 2016).

Weniger anfällig gegenüber witterungsbedingten Katastrophen. Die häufigsten klimatischen Schocks sind Dürren, die ungewöhnlich ernsthaft oder häufig sind oder lange andauern. Bäume mildern die zerstörerischen Auswirkungen von Dürren auf die Feldfrüchte zunächst schon dadurch ab, dass sie ein besseres Mikroklima erzeugen. In der Nähe von Bäumen wachsende Nutzpflanzen verfügen nachweisbar über mehr Feuchtigkeit. Außerdem werfen Bäume einen dezenten Schatten auf angrenzende Anbauflächen und reduzieren damit den mit großer Sonnenbestrahlung verbundenen Stress. Bäume fördern auf drastische Weise das Eindringen und die Speicherung von Wasser im Boden, indem sie einen zu schnellen Abfluss von Regenwasser verhindern (Ilstedt et al. 2016). Das Laub der Bäume reichert außerdem die Böden mit organischer Substanz an, wodurch sowohl die Kapazität der Böden als Feuchtigkeitsspeicher wie die Abgabe von Nährstoffen an die Feldfrüchte vergrößert wird. Darüber hinaus verfügen einige Baumarten über die Fähigkeit, Wasser mit ihrem Wurzelwerk aus tieferen zu oberflächennahen Bodenschichten zu transportieren und die Feuchtigkeit den Nutzpflanzen zur Verfügung zu stellen (der »hydraulische Aufzugseffekt« – Bayala et al. 2014). Alle diese Effekte vermindern den Stress unter den Nutzpflanzen wegen Wassermangels und macht sie in ihrer Wachstumsphase widerstandsfähiger gegen Trockenheit.

Weniger anfällig gegenüber klimabedingten Katastrophen. Infolge des Klimawandels steigen die Temperaturen überall auf der Erde an. In den vergangenen vier Jahrzehnten wurde es in der Sahel-Zone um durchschnittlich 1 Grad Celsius wärmer (UNEP 2011). Auch die Häufigkeit und Dauer extremer Tageshöchsttemperaturen nimmt zu. Bei den meisten einjährigen Kulturpflanzen ist infolgedessen ein Rückgang ihres Ertragspotenzials zu beobachten. Sie weisen einerseits höhere Respirationsraten auf, wodurch die Pflanzen mehr Energie verbrauchen und über weniger Energie für das Wachstum ihrer Frucht verfügen. Zum anderen verkürzen höhere Temperaturen die Reifungszeit des Getreides (weniger Tage zwischen Fruchtblüte und Fruchtreife), was sich ebenfalls negativ auf die Größe und das Gewicht der Feldfrucht auswirkt.

Ackerflächen, auf denen Bäume stehen, weisen selbst bei intensiver Sonneneinstrahlung deutlich reduzierte Oberflächentemperaturen auf, auch die Spitzen der Nutzpflanzen bleiben dort kühler. Dies führt besonders über die Mittagsstunden zu geringerem Hitzestress und wirkt der Verkürzung des Reifungsprozesses der Pflanzen entgegen. Die Feldfrüchte können so länger Photosynthese betreiben und haben genügend Zeit für den Volumenaufbau der Fruchtmasse. Dies führt im Endeffekt zu höheren Ernteerträgen (Sida et al. 2018). Insgesamt sorgt die Milderung von Stressfaktoren für stabilere Ernteerträge in Zeiten außergewöhnlicher Trockenheit. Im Niger durchgeführte Erhebungen über die Wachstumsentwicklung von Nutzpflanzen in Dürrejahren ergaben, dass Nutzpflanzen auf Feldern mit entwickelten Baumbeständen deutlich weniger gestresst sind als in Gegenden, in denen FMNR nicht angewandt wird (Reij et al. 2009).

Weniger anfällig gegenüber gesundheitsbedingten Katastrophen. Landnutzungssysteme mit Baumbestand können in Zeiten anhaltender Dürre einen stabilisierenden Einfluss auf die gesundheitliche Konstitution der betroffenen Landbevölkerung haben. Bäume auf dem Farmland oder in nahen Waldflächen übernehmen in Notzeiten eine wichtige Bedeutung als Lieferant von Obst oder Gemüse (Place und Binam, 2013). Diese Produkte tragen auch in Jahren mit ausreichendem Niederschlag zur Erhaltung einer gesunden und reichhaltigen Ernährung bei, was besonders für Kinder wichtig ist. So sind die

Früchte und Blätter des Affenbrotbaums reich an den Vitaminen A und C, die in Grundnahrungsmitteln fehlen und während Trockenzeiten nicht aus anderen Quellen gedeckt werden können (Orwa et al., 2009).

Bäume als Schockdämpfer

Ein artenreicher Baumbestand auf Farmland trägt auch deshalb zur Stabilisierung der bäuerlichen Existenzen bei, weil die Früchte oder essbaren Blätter der verschiedenen Bäume zu unterschiedlichen Jahreszeiten zur Verfügung stehen. Die Blätter einiger Baumarten liefern das gesamte Jahr über pflanzliches Eiweiß für Mensch und Tier, wie der Baobab- (Affenbrot-) und der Moringa-Baum.

In den nigrischen Regionen Maradi und Zinder, wo Tony Rinaudo tätig war, halten heute rund 1,2 Millionen Kleinfarmerfamilien Baumbestände mittlerer bis hoher Dichte auf ihrem Land. Dies erlaubt es den Landwirten, regelmäßig Äste als Brennholz für ihre Haushalte oder zum Verkauf zu schlagen. Einige der ausgewachsenen Bäume können schließlich auch gefällt und auf den lokalen Holzmärkten als Baumaterial oder Stammholz verkauft werden. Mittlerweile hat sich sogar eine Holzexportwirtschaft entwickelt, die die Stämme ins weiter südlich gelegene Nigeria transportiert. Während längerer Trockenperioden kann auf diese Baumvorräte zugegriffen werden, um den Farmern Geldeinnahmen für den Kauf von Nahrungsmitteln für ihre Familien zu verschaffen. Mit dieser Art von Wertschöpfung können sich Menschen in von Dürren betroffenen Regionen ihr Überleben sichern (Reij et al. 2009).

In den Bezirken Kantché und Mirriah in der Zinder-Region führten die beiden Autoren Yamba und Sambo im Jahr 2012 eine Studie zur Ernährungssituation durch. Beide Verwaltungsbezirke weisen eine hohe Bevölkerungsdichte und hohe

Baumbestandsdichten auf dem Farmland auf. In den Jahren 2011/2012 wurde das Nahrungsmitteldefizit im gesamten Niger auf 600 000 Tonnen Getreide geschätzt. Überraschenderweise wies der Bezirk Kantché mit einer Bevölkerung von rund 350 000 Menschen im extremen Dürrejahr 2011 einen Getreideüberschuss von fast 14 000 Tonnen auf. Bereits seit 2007 hatte der Bezirk erhebliche Überschüsse produziert.

FMNR und die Fruchtbarkeit der Böden

Bäume unterschiedlichster Art verfügen über Eigenschaften, die der Erhaltung und der Fruchtbarkeit der Böden zugutekommen. An erster Stelle zu nennen ist das Wurzelwerk der Bäume, das ein Abtragen der Bodenkrume durch Wind- und Wassereinwirkung verhindert. Das abgeworfene Laub dient als Mulch, und die organischen Substanzen, die das Laub und die Wurzeln abgeben, werden von der Mikro- und Makro-Fauna im Boden als Nährstoffe benötigt. Viele Landwirte kennen und schätzen diese ökologischen Eigenschaften von Bäumen seit Generationen. Allerdings konkurrieren Bäume unter bestimmten Umständen auch mit den Nutzpflanzen um Nährstoffe, Wasser und Licht. Daher müssen Bauern bei der räumlichen Anordnung von Bäumen und Kulturpflanzen auf ihrem Land stets eine Kosten/Nutzen-Abwägung vornehmen. Sie entscheiden über die geeigneten Baumarten, die optimale Verteilungsdichte der Bäume auf den Feldern sowie über die Art und das Ausmaß des Zurückschneidens, um den Wettbewerb zwischen Bäumen und Nutzpflanzen so gering wie möglich zu halten. Bäume auf Ackerflächen stellen natürlich auch Hindernisse für das Pflügen der Felder mit Zugtieren dar, was zusätzlichen Zeit- und Kostenaufwand verursacht. Aus diesen Gründen haben Flurbereinigungsberater den Bauern bislang immer empfohlen, ihre Nutzpflanzen auf »sauberen«, also von Bäumen und Büschen ausgeräumten Äckern anzubauen (Smith 2010).

Andererseits ist von einer großen Zahl von Baumarten bekannt, dass sie landwirtschaftlichen Böden zahlreiche positive Effekte bieten und nur in relativ geringem Ausmaß im Wettbewerb mit Nutzpflanzen stehen. Von herausragender Bedeutung für die Trockenregionen Afrikas ist die Akazienart *Faidherbia albida* (ehemals *Acacia albida*). Sie verfügt über die Eigenschaft, atmosphärischen Stickstoff binden zu können. Der Baum hat ein tief in den Boden eindringendes Wurzelwerk, eine relativ lichte, offene Krone, und wirft bei Beginn der Regenzeit seine stickstoffreichen Blätter ab, die den Boden düngen. Darüber hinaus gibt es noch viele andere, für die Bodenfruchtbarkeit nützliche Baumarten: Es handelt sich meist um dieselben Bäume, die auch als Viehfutter gut geeignet sind (beispielsweise viele Akazienarten).

Eine Metaanalyse von Studien über die Wirkungsweise von Bäumen, die düngende Substanzen an ihre Umgebung abgeben, ergab, dass sie in Maisfeldern mindestens für eine Verdoppelung der Ernteerträge sorgten (Sileshi et al. 2008). Die Resultate können jedoch sehr unterschiedlich sein: Wichtige Faktoren sind die Artenauswahl und die Art der Baumpflege sowie die örtlich vorherrschenden Umweltbedingungen. Zwei Studien neueren Datums (Glenn 2012, Place und Binam 2013) beschäftigten sich mit den Ertrags- und Profiteffekten von FMNR in Malawi beziehungsweise in den Sahel-Staaten. In beiden Fällen spielte *Faidherbia* eine Rolle, in Malawi sogar die vorherrschende. Beide Studien stellten positive Auswirkungen der Bäume sowohl auf die Ernteerträge fest wie – wegen der geringen Arbeitskosten – auf die Profite. In Mali, Burkina Faso und dem Niger wurden auf FMNR zurückzuführende Ertragssteigerungen bei Hirse und Sorghum zwischen 16–30% gemessen, je nach Art und Umfang der eingesetzten Betriebsmittel und den jeweils herrschenden Standortbedingungen (Place und Binam, 2013). In Malawi stellte Glenn (2012) Ertragssteigerungen bei Mais zwischen 12–16% fest, die auf die Anwesenheit von *Faidherbia*-Bäumen zurückgeführt werden können. Die nicht sehr zahlreichen Forschungsergebnisse legen auf jeden Fall nahe, dass die Bäume tatsächlich für eine Vergrößerung der Ernteerträge sorgen. Wobei auch gesagt werden muss, dass sie keinen vollständigen Schutz gegen Ernteverluste in Dürrezeiten geben können (Akinnifesi et al. 2010).

Die Akzeptanz von FMNR

Das Ziel der FMNR-Methode besteht in der Herstellung einer zusammenhängenden Vegetationsdecke, die man gemeinhin als Agrarforst-Parklandschaft bezeichnet. Solche Landschaften sind von ausgewachsenen Bäumen geprägt, die auf den landwirtschaftlich genutzten (oder zeitweise brach liegenden) Flächen verstreut wachsen (Pullan, 1974; Sautter, 1968; aus: Raison, 1988). In der gesamten semi-ariden und subhumiden Klimazone Westafrikas sind diese Parklandschaften das dominierende Landnutzungssystem. Die Farmer verändern ständig die Zusammensetzung und Dichte der Holzvegetation, um eine optimale Agrarnutzung zu erzielen. Die Entwicklung der Parklandschaften kommt einem kontinuierlichen Gestaltungsprozess der Selektion bestimmter Baumarten, Baumbestandsdichten und Baumschnittmethoden gleich.

Parklandschaften sind nicht auf die Sahel-Zone und die sudanesische Trockenzone beschränkt. Die verbreitete Anwendung von FMNR wird auch aus Teilen Äthiopiens (Hadgu et al. 2011), Malawis (Dewees 1995; Kundhlande et al. 2017), Tansanias (Monela et al. 2005), Kenias (Muriuki 2013; Oginosako et al. 2006) und Simbabwes (Campbell et al. 1991) gemeldet. Es liegen verlässliche Hinweise vor, dass die Wiederbegrünung in Malawi von der dortigen Landbevölkerung selbst veranlasst wurde (Dewees, 1995). Studien neueren Datums ergaben, dass über 85% der malawischen Bauern auf ihrem Land eine große Artenvielfalt von Bäumen unterhalten (Nyoka 2013; Kundhlande et al. 2017).

Der Begriff »Agrarforst-Parklandschaften« spiegelt die vielfältigen Formen und Zwecke dieser Nutzungssysteme wider. Sie unterscheiden sich vor allem in dreierlei Hinsicht: ihrer Baum- und Buschdichte, der Vielfalt der Baumarten und dem Alter der einzelnen Bäume. Ein ökologisch stabiles Agroforstsystem umfasst in der Regel sowohl ausgewachsene Bäume, die ihre Funktionen gegenwärtig erfüllen, wie Jungbäume, die die Zukunft des Systems sichern. Allerdings haben in den zurückliegenden vierzig Jahren demografische, wirtschaftliche, ökologische und soziale Entwicklungen erheblichen Druck auf diese traditionellen Landnutzungssysteme ausgeübt. Die Forstgesetze verboten das Abholzen von Bäumen auf Farmland ohne besondere Genehmigung. Bauern, die diese Verbote auf ihrem eigenen Land missachteten, mussten mit harten Strafen rechnen. Für sie gab es keine Rechtsgrundlage, die ihnen eine optimale Parklandschaftspflege ermöglicht hätte. Das führte zu einer gravierenden Destabilisierung des Parklandschaftsökosystems in der gesamten afrikanischen Trockenklimazone (Boffa 1999), wobei sich besonders schwerwiegende Schädigungen im Niger zeigten.

In den 1970er- und 1980er-Jahren erlebten die dortigen Bauern einen massiven Schwund ihrer Baumbestände infolge von Dürren (die insbesondere den jungen Bäumen zu schaffen machten) bei gleichzeitig zunehmendem Bevölkerungsdruck. Die Folge war die zunehmende Verödung der Agrarlandschaft. Nachdem die konventionelle Wiederaufforstung – wie von

Tony Rinaudo im vorangegangenen Kapitel geschildert – gescheitert war, gab es zunächst die von ihm Mitte bis Ende der 1980er-Jahre initiierten Pilotprojekte mit der FMNR-Methode, denen bald größere Projekte folgten (Tougiani et al. 2009). Daraufhin verbesserte sich die Lage für die betroffene Landbevölkerung wieder deutlich. Die Farmer konnten auch in der Trockenzeit wieder auf eine funktionierende Versorgung ihrer Nutztiere mit Blättern zurückgreifen, es gab wieder ausreichend Brennholz für die Haushalte, die darüber hinaus Obst ernten und pflanzliche Heilsubstanzen aus den Bäumen gewinnen konnten. Außerdem wurden mehrere Baumarten gerettet, die zur Verbesserung der Bodenfruchtbarkeit beitragen (Barnes und Fagg 2003).

Das Interesse an FMNR wuchs erneut in den 1990er-Jahren, als sich die positiven Erfahrungen mit den Pilotprojekten auch in den Hauptstädten herumsprachen. Die nigrische Regierung veranlasste das zu einer Lockerung ihrer restriktiven Forstgesetzgebung (Code Forestier), der die Nutzungsmöglichkeiten von Bäumen durch Farmer auf deren eigenem Land stark eingeschränkt hatte. Danach vergrößerte sich die Fläche der mit der FMNR-Methode regenerierten Landschaften drastisch. Im Jahr 2004 trug die nigrische Regierung diesem Trend offiziell Rechnung und änderte die nationale Forstgesetzgebung.

Inzwischen haben sowohl die baumbestandenen Gebiete im Niger wie deren Bestandsdichte dramatisch zugenommen. Eine Analyse hochauflösender Satellitenfotos, die in der Zeit zwischen 2003 und 2008 aufgenommen wurden, ergab, dass alleine in den Regionen Maradi und Zinder bis 2008 rund 4,8 Millionen Hektar landwirtschaftlicher Nutzflächen mittels FMNR regeneriert wurden (Reij et al. 2009). Damals beteiligten sich schätzungsweise 1,2 Millionen Haushalte in Eigeninitiative an der Bewirtschaftung dieser FMNR-Flächen. Viele Dorfgemeinschaften verfügen jetzt über 10–20-mal mehr Bäume als noch vor 20 Jahren, und die landwirtschaftlich genutzten Gegenden des südlichen Niger haben inzwischen über 200 Millionen Bäume mehr als noch vor 30 Jahren (Reij et al. 2009). Schätzungen von Reij et al. (2009) zufolge führte dieser Transformationsprozess dazu, dass jährlich mindestens 500 000 Tonnen Nahrungsmittel zusätzlich erzeugt werden. Dies deckt den Nahrungsmittelbedarf von 2,5 Millionen Menschen ab. Eine Kartierung neueren Datums über landwirtschaftliche Nutzflächen mit Baumbestand ergab, dass FMNR mittlerweile auf über 7 Millionen Hektar Land praktiziert wird (G. Tappan, 2016, pers. Mitteilung).

Die weitere Ausbreitung der Landregenerierung über den Niger hinaus ist längst in vollem Gang. Kartierungen des US Geological Survey erfassten in der Seno-Ebene im östlichen Mali eine zusammenhängende Landfläche von 450 000 Hektar, auf der FMNR neu eingeführt wurde (Reij 2012). Hier verlief die Entwicklung ähnlich wie im Niger: Die Ausbreitung der Wiederbegrünung beschleunigte sich enorm, nachdem die Forstgesetze des Landes vor 15 Jahren gelockert worden waren. Auch im Norden Burkina Fasos hat FMNR mittlerweile Fuß gefasst. Bemerkenswerterweise praktizieren einige Bauern die Methode dort in Form standardisierter Reihenpflanzungen, um zu vermeiden, dass die Bäume Hindernisse beim Pflügen der Felder darstellen (R. Bunch, 2012, pers. Mitteilung).

Im Senegal unterhält das Volk der Serere bereits seit einigen Generationen auf etwa 150 000 Hektar Farmland eine Agrarforst-Parklandschaft mit einem mittleren bis dichten Bestand an *Faidherbia albida*. Im übrigen Staatsgebiet war die Landverödung bislang weiter auf dem Vormarsch. Vor einiger Zeit wurde auch hier die Regierung aktiv und änderte ihre Landwirtschaftspolitik, sodass FMNR künftig gefördert werden kann. Schon entstanden mehr als ein Dutzend FMNR-Pilotprojekte, in denen das technische und institutionelle Know-how für eine breit angelegte Beschleunigung der Landregenerierung weitergegeben wird (Sanogo 2010; Rinaudo 2012; Herrmann et al. 2013). Das FMNR-Projekt von World Vision in der Region Kaffrine führte zur Aufnahme weiterer 70000 Hektar Land in das Wiederbegrünungsprogramm.

Die Vorgänge in der malischen Seno-Ebene machen die herausragende Bedeutung der Forstgesetze deutlich. 1991 verlor der Präsident Malis durch einen Volksaufstand die Macht. Im Zuge der Unruhen wurden viele Forstbeamte aus den Dörfern gejagt und einige sogar umgebracht. Sie hatten sich in den Dorfgemeinschaften durch zweifelhafte Praktiken ausgesprochen unbeliebt gemacht. So sollen sie beispielsweise selbst Buschfeuer gelegt haben, um dann die Dorfbewohner der Brandstiftung zu bezichtigen und saftige Geldbußen über sie verhängen zu können. 1994 verabschiedete die Regierung ein neues Forstgesetz, das die Nutzung von Bäumen durch Farmer auf deren Landbesitz regelt. Einzige Bedingung ist, dass Nutzflächen nicht länger als zehn Jahre brach liegen dürfen. Die neuen Bestimmungen sind ein Anreiz für die Bauern, die Brachzeiten ihrer Felder zu reduzieren und die auf ihrem Land stehenden Bäume zu schützen. Aufgrund der stark wachsenden Bevölkerung in der Seno-Ebene sind die meisten Bauern allerdings ohnehin gezwungen, ihre Äcker dauerhaft zu bestellen.

Eine von der Nichtregierungsorganisation SahelEco finanzierte Radiostation in der Kleinstadt Bankass in der Seno-Ebene berichtete über Inhalt und Bedeutung des neuen Forstgesetzes. Die Berichterstattung stieß auf reges Interesse der Bevölkerung: Viele Hörer riefen an und wollten wissen, ob das nun hieße, dass sie die Bäume auf ihrem Land ohne Genehmigung der Forstbehörde fällen könnten. Die Antwort lautete Ja – und jeder konnte es live im Radio hören. Von jenem Tag an verwehrten die Bauern jedem eigenmächtigen Holzfäller den Zutritt zu ihrem Land und begannen, ihre Bäume zu schützen (Reij und Garrity, 2016).

Erst 2011 wurde das ganze Ausmaß des neuen Agroforstsystems in der Seno-Ebene offenkundig. Hatten Projektmitarbeiter vor Ort die als Agrarforstlandschaft mit mittlerer bis hoher Baumdichte bezeichnete Fläche zunächst auf 16 000 Hektar geschätzt, so ergab die Auswertung von Satellitenbildern durch das Geological Survey EROS Data Center in Süd-Dakota, USA, unter Leitung von Gray Tappan eine Fläche von nahezu 500 000 Hektar. Bis zum Jahr 2011 hatte niemand auch nur die geringste Vorstellung von der Größenordnung dieses Regenerationsprozesses. Inspektionsbesuche vor Ort ergaben, dass 90% der Bäume weniger als 20 Jahre alt sind.

Inzwischen beschäftigt das Thema regelmäßig die Staats- und Regierungschefs der Sahel-Zonen-Länder. Sie verabschiedeten bei der ersten Konferenz afrikanischer Trockenregionen (1st African Drylands Conference) im Juni 2011 in Dakar eine Absichtserklärung, wonach eine »große grüne Mauer« quer durch den afrikanischen Kontinent gezogen werden solle. Wissenschaftler betonten unterdessen, wie wichtig die Einbindung der ansässigen Landbevölkerung bei der Ausbreitung von FMNR über alle afrikanischen Trockengebietszonen hinweg ist. Diese Einschätzung wurde auch von der Weltbank und der Globalen Umweltfazilität (Global Environment Facility) geteilt. Inzwischen stellt diese wichtige Institution einen Fördertopf von insgesamt USD 1,8 Milliarden für Projekte zur Landregenerierung zur Verfügung. In einer Erklärung der von der Afrikanischen Union im August 2014 einberufenen 2nd African Drylands Week wurden die in den betroffenen Ländern für die Entwicklung der Trockenregionen verantwortlichen Institutionen dazu aufgerufen, sich mit allen Mitteln dafür einzusetzen, dass jede Farmersfamilie und jede Dorfgemeinschaft in den Trockengebieten Afrikas bis spätestens im Jahr 2025 die Möglichkeit erhält, FMNR oder »Assisted Natural Regeneration« zu praktizieren.

Weil die landwirtschaftlich genutzten Flächen in den Trockenregionen immer weiter expandieren, kommt FMNR eine immer wichtigere Rolle bei der Erhaltung einer gesunden Baumvegetation zu. Die Methode ist inzwischen zur grundlegenden Praxis der Landregenerierung in allen semi-ariden und subhumiden Zonen geworden. Sie hat sehr viele Anhänger – alleine schon aufgrund ihrer niedrigen Etablierungskosten – und weist hohe Erfolgsquoten auf. Außerdem basiert sie auf der Pflege einheimischer Baumarten, die ökologisch und klimatisch optimal an die jeweiligen Standortortbedingungen angepasst sind, und kann schließlich auch mit einer ganzen Reihe traditioneller und verbesserter Anbau- und Landerhaltungsmethoden kombiniert werden. Es besteht also die Möglichkeit, auf FMNR aufbauend weitere Pflegesysteme zu integrieren, bei denen etwa auch das Pflanzen neuer Bäumen eine Rolle spielt. Dadurch kann die Artenvielfalt auf Farmland weiter vergrößert werden – ein Prozess, den Tony Rinaudo als FMNR+ bezeichnet.

Dem systematischen Anpflanzen von Bäumen kann in Trockengebieten allerdings nur eine Nischenbedeutung beigemessen werden. Solche Aufforstungen sind eher für subhumide und humide Zonen geeignet, wo die Niederschlagsmengen über das ganze Jahr hinweg stabiler sind und die Wasserversorgung von Baumschulen auch in Trockenzeiten gesichert ist. Baumpflanzungen können ferner dort sinnvoll sein, wo für bestimmte trockenresistente Baumarten wirtschaftliche

Verwertungsmöglichkeiten bestehen (z.B. *Melia volkensii*, dem »Mahagoni-Baum der Trockenregionen« in Kenia).

Der Nutzen von FMNR für die Umwelt

Über den direkten Nutzen für die Farmer selbst hinaus erfüllt die Wiederbegrünung auch ökologische Funktionen im weiteren Sinn, wofür Umweltakteure sogar Geld zu bezahlen bereit sind. Bäume nehmen während ihres Wachstums sowohl im Holz wie im Wurzelwerk Kohlenstoff auf. In Trockengebieten kann pro Hektar und Jahr eine Kohlenstoffbindung in der Größenordnung von 1 Tonne CO_2 in der oberirdischen Biomasse angesetzt werden (Beedy et al. 2014). Außerdem binden auch die Blätter und Wurzeln Kohlenstoff, allerdings ist es wesentlich schwieriger, diesen zu quantifizieren. Der Kohlenstoffhaushalt im Boden hängt auch davon ab, wie eine Ackerfläche bestellt und welche Nutzpflanzen darauf angebaut werden. Im Zusammenhang mit möglichen Einnahmen aus dem CO_2-Emissionshandel dürfte für Farmer in Trockenregionen deshalb in erster Linie die Kohlenstoffbindung der oberirdischen Biomasse in Betracht kommen.

Unter Berücksichtigung der typischen Kohlenstoffsequestrierung von 1 Tonne Kohlendioxid pro Hektar und den derzeitigen Marktpreisen im CO_2-Emissionshandel kann eine Wertschöpfung von USD 10–15 pro Tonne gebundenen Kohlenstoffs veranschlagt werden. Infolge der hohen Transaktionskosten der Emissionsgeschäfte wird allerdings nur ein Teil dieser Einnahmen tatsächlich in den Taschen der Bauern und Dorfgemeinschaften landen. Es gibt zwar eine Reihe von Förderprogrammen zur Entschädigung der Bevölkerung in Trockenregionen, die vor Ort bestehende Wald- und Buschgebiete schützt (beispielsweise das UN-Programm REDD+). Allerdings werden für solche Projekte feuchtere Klimazonen bevorzugt, weil die Biomasse dort deutlich schneller wächst und deshalb mehr Kohlenstoff bindet.

Regenerierte Landschaften und geschützte Aufforstungszonen erfüllen auch wichtige wasserwirtschaftliche Funktionen, indem sie Oberflächengewässer und Einzugsgebiete fürs Grundwasser schützen. Viele dieser ökologischen Effekte machen sich sehr direkt vor Ort bemerkbar, wenn zuvor versiegte Quellen und Bäche plötzlich wieder zu fließen beginnen und in Talbereichen der Grundwasserspiegel steigt. Andere Effekte machen sich dagegen erst weiter stromabwärts bemerkbar, indem etwa Erosionsschäden eingedämmt werden und sich die Sedimentationsvorgänge in Flüssen stabilisieren oder sich der Grundwasserleiter wieder füllt. Eine Studie zu den ökologischen Auswirkungen bewaldeter Flächen in semi-ariden und ariden Gebieten stellte fest, dass eine geschlossene Vegetationsdecke von 3,5–6% eines Gebiets ausreicht, um deren regulierenden Effekt auf den Oberflächenabfluss von Niederschlägen auch dem übrigen Einzugsgebiet zugutekommen zu lassen (Shivdenko et al. 2005).

Der Baumbestand sorgt in den Trockenregionen außerdem dafür, dass die hohen Windgeschwindigkeiten und die Belastung durch Feinstaub reduziert werden. Afrikas Trockengebiete tragen mit über 50% zur globalen Feinstaubbelastung in der Erdatmosphäre bei. Die hiesigen Feinstaubkonzentrationen fallen deutlich höher als in anderen Erdregionen aus (Engelstaedter et al. 2006). Dazu muss man wissen, dass die hohe Kindersterblichkeitsrate in Afrika vor allem durch Atemwegserkrankungen verursacht wird, die erwiesenermaßen auch auf den Kontakt mit Feinstaub zurückzuführen sind (Romieu et al. 2002; Smith et al. 1999).

Schließlich hat die Wiederherstellung der Baumvegetation auch positive Auswirkungen auf die Artenvielfalt. Besonders deutlich sind natürlich die Folgen für die Vielfalt der Baumarten selbst, aber auch der Reichtum anderer Pflanzen- und Tierarten profitiert davon. Bei der Regenerierung der Wildtierpopulation kann der Wert eines artenreicheren Ökosystems indirekt mit höheren Einnahmen für den Tourismus gemessen werden. Bei örtlich begrenzten Bemühungen der Regenerierung sind die Vorteile vergrößerter Artenvielfalt zwar bekannt (z.B. bessere Blütenbestäubung und natürliche Schädlingsbekämpfung), können bislang aber noch nicht verlässlich quantifiziert werden.

Die Kosten von FMNR

FMNR erfordert weder den Kauf von Keimplasma noch das Aussäen von Samen oder das Setzen von Schösslingen, auch muss man keine Setzlinge aus Baumschulen erwerben. Die Kosten für die Pflege eines Baumsämlings oder Wurzelstocksprösslings, der bereits im Boden wächst und sich von selbst entwickelt, sind im Wesentlichen gleich null. Jungbäume treiben ohne menschliches Zutun aus dem Boden und benötigen zunächst weder besondere Pflege noch Schutz. Das ist erst dann nötig, wenn man diese Pflanzen gezielt halten und nutzbar machen möchte.

Kosten fallen in der Regel erst an, wenn es darum geht, den erwünschten Baumwuchs abzusichern. Solche Maßnahmen umfassen entweder den Schutz einzelner Bäume oder die großflächige Einfriedung ganzer Areale – vor allem mithilfe von Zäunen oder Holzverschlägen – sowie das Entfernen unerwünschter Bäume. Arbeitskosten entstehen durch das Unkrautjäten um die Sprösslinge herum und das regelmäßige Zurückschneiden der Bäume. Das Jäten fällt in erster Linie bei Baumsämlingen an, denn Jungbäume, die sich aus Niedriggehölz und Wurzelwerk heraus entwickeln, benötigen diese Art der Pflege nicht, weil es sich meist um schnell wachsende Arten handelt. Andererseits müssen wachsende Bäume in der Regel zurückgeschnitten werden, damit sich Baumkrone und Wuchs in der gewünschten Form entwickeln. Diese Tätigkeit gehört zu den etwas anspruchsvolleren Aufgaben, die im Rahmen von FMNR anfallen. Je größer die Bäume werden, umso größer wird meist auch ihr Pflegeaufwand. Die tatsächlichen Kosten für den einzelnen Farmer hängen von der Häufigkeit der Beschneidung, der Zahl der Bäume und dem Materialaufwand ab.

Obwohl die Ausweitung von FMNR in der Sahel-Zone in erster Linie unter der Federführung der Bauern selbst und ohne nennenswerte externe Unterstützung geschieht, gibt es mittlerweile eine Reihe von Programmen zur Förderung von FMNR. Sie stellen Mittel für Fortbildungs- und Informationsveranstaltungen zur Verfügung und klären über eine geordnete Weidewirtschaft sowie die Bekämpfung von Buschbränden auf. Schließlich geht es darum, neue Märkte für Baum- und Holzprodukte zu erschließen sowie Vorschläge für sinnvollere Forstwirtschaftsgesetze zu unterbreiten. Eine rasch wachsende Landbevölkerung einerseits und ein starker Schwund an Wald- und Buschland in den afrikanischen Trockenregionen andererseits legen nahe, dass eine nachhaltige Forstwirtschaft keine Alternative zur FMNR-Methode ist, sondern diese unbedingt ergänzen muss (Shumba et al., 2010; Mayaux et al., 2004).

Seit 1985 wurden im Niger erhebliche Ressourcen in die Förderung natürlicher Regenerationsprojekte investiert. Ein Teil der sieben Millionen Hektar, die mittlerweile nach der FMNR-Methode bewirtschaftet werden, ist das direkte Ergebnis dieser Projekte. Ein wesentlich größerer Anteil geht allerdings auf die vielen spontanen Initiativen von Landwirten zurück, die aus eigenem Antrieb auf FMNR umstellten. Sie erkannten den Nutzen der Methode aus eigenen Stücken und brauchten keine externe »Starthilfe«. Welche Aktivitäten wurden durch private Geldgeber und staatliche Programme finanziert? Das Wichtigste war wohl die Organisation gegenseitiger Besuche der Bauern zum Zweck des Erfahrungsaustauschs. Einer der besten Wege, Farmerinnen und Farmer von dieser Art der Landbewirtschaftung zu überzeugen, ist es, ihnen die Möglichkeit zu geben, sich bei bereits praktizierenden Kollegen einen eigenen Eindruck zu verschaffen.

Vor Kurzem errechnete der Internationale Fonds für landwirtschaftliche Entwicklung (IFAD) die Kosten für die von den Bauern selbst durchgeführte Landregenerierung in der Region Maradi. Diese belaufen sich auf CFA 9000 (zentralafrikanische Franc) pro Hektar, was ungefähr USD 14 entspricht (Guéro Chaïbou, pers. Mitteilung).

Die Bedeutung von FMNR für das Einkommen bäuerlicher Haushalte und die Ernährungssicherheit

Die drei wichtigsten wirtschaftlichen Errungenschaften von FMNR sind die unmittelbar verwertbaren Baumerzeugnisse, die höheren Ernteerträge bei den angebauten Feldfrüchten sowie die Vorteile für die Viehhaltung.

An unmittelbar verwertbaren Baumprodukten fallen in der Regel Nahrungsmittel (Früchte, Nüsse, Öle, Blätter) sowie Holz (Bau- und Brennholz) an. Eine neuere Befragung von rund 1000 Farmern in vier Ländern der Sahel-Zone ergab, dass alle befragten Haushalte Baumerzeugnisse selbst verwerten. Der durchschnittliche Wert dieser Produkte lag mit jährlich rund USD 110 pro Haushalt im Senegal am niedrigsten und mit rund USD 250 im Niger am höchsten. Nur ein geringer Teil der geernteten Erzeugnisse werden zur Erzielung zusätzlichen Einkommens verkauft. In Burkina Faso lag dieser Anteil bei rund 35%, im Niger nur bei rund 4%. Die Farmer in Burkina Faso profitieren vom verbreiteten Vorkommen des Shea-Baums *Vitellaria paradoxa,* dessen verarbeitete Nuss als Shea-Butter auf einem globalen Absatzmarkt gefragt ist.

Ein weiterer wichtiger Nutzen der Bäume sind die höheren Ernteerträge bei den Feldfrüchten. In den Sahel-Ländern kommt kaum chemischer Dünger zum Einsatz: Nur gut ein Viertel der Farmer verwenden diesen. Wesentlich verbreiteter ist dagegen tierischer Dung, den 55–80% der Landwirte einsetzen. Umso wichtiger ist deshalb die Präsenz von Bäumen auf den Feldern und zwar von ausgewachsenen, weil diese den größten positiven Einfluss auf die Ernteerträge haben. Im Niger lag die durchschnittliche Anzahl ausgewachsener und den Boden düngender Bäume bei 32 Stück pro Hektar, während es sich in Mali und Burkina Faso nur um etwa 5 Bäume handelte. Nach Bereinigung anderer Standortfaktoren (Niederschlagsmengen, Bodenart, Saatgutdichte, Feldgröße, Dung- und Düngermengen) stand fest, dass im Niger, in Mali und Burkina Faso um 15–30% höhere Getreideernten erzielt wurden, die den düngenden Bäumen zugeschrieben werden konnten. Darüber hinaus besteht eine positive Korrelation zwischen solchen Bäumen und den ausgebrachten Mengen an Dünger. Die Bauern verteilen offenbar mehr Dung und Dünger auf ihren Feldern, wenn diese eine höhere Baumdichte aufweisen. Vermutlich liegt das daran, dass die gedüngten Feldfrüchte in Kombination mit den anderen Vorteilen des Baumbestands optimal gedeihen.

Haglund et al. (2011) führte eine vergleichende Studie unter mehr als 400 Bauern im Niger durch, von denen ein Teil FMNR praktizierte, der andere nicht. Die Studie ergab, dass die Bruttowertschöpfung aus dem Anbau von Nutzpflanzen bei den FMNR-Bauern USD 138 betrug, bei den anderen nur USD 88.

Für die 5 Millionen Hektar große Fläche an neu entstandener Agrarforst-Parklandschaft bezifferten Reij, Tappan und

Smale den durchschnittlichen Mehrertrag bei der Getreideernte auf 100 Kilogramm pro Hektar. Im Rahmen einer vorsichtigen Schätzung postulierten sie im Jahr 2009, dass die Ertragssteigerungen in dem Gebiet, auf dem *Faidherbia albida* dominiert, noch einmal deutlich höher ausfielen. Aus diesen Beobachtungen errechneten sie eine Produktionssteigerung von jährlich 500 000 Tonnen Getreide, die der Wiederbegrünungspraxis zuzuschreiben sei. Mit dieser Getreidemenge können etwa 2,5 Millionen Menschen ernährt werden.

Schließlich leistet FMNR noch auf eine dritte Weise einen Beitrag zur Ernährungssicherheit der bäuerlichen Haushalte: Indem mehr Futter für die Viehhaltung erzeugt wird und damit mehr Vieh gehalten werden kann. Im Niger können die Nutztiere die Hälfte des Jahres mit Blättern ernährt werden. Ein höherer Viehbestand bedeutet für die Landwirte mehr finanzielle Sicherheit, weil sie in Dürrejahren Teile ihrer Viehbestände verkaufen können.

Das Geschäft mit Baumfrüchten und Blättern ist eine wichtige Einkommensquelle für Frauen. Ein ausgereifter Affenbrotbaum oder Baobab (*Adansonia digitata*) kann ein zusätzliches Einkommen von USD 34–75 pro Jahr bedeuten. Dieser Betrag bringt auf dem Markt 70–175 Kilogramm Getreide ein. An manchen Orten werden auf einem Hektar Land bis zu 75 Baobab-Bäume gezählt (Yamba und Sambo, 2012).

Die Einnahmen aus dem Verkauf von Brennholz belaufen sich in der Sahel-Zone auf durchschnittlich USD 127–154 pro Haushalt und Jahr. Der Verkauf von Nicht-Holz-Produkten erschließt weitere Einnahmequellen. So kann ein Haushalt durch den Obstverkauf durchschnittlich USD 237 im Jahr verdienen (Place und Binam, 2012, zitiert von Francis und Weston, 2015).

Die Stärkung der Dorfgemeinschaften

Landwirte können Bäume zwar individuell pflegen, es ist aber wesentlich effektiver, wenn sich Dorfgemeinschaften zusammenschließen und diese Aufgaben kollektiv organisieren. Dabei geht es auch darum, zum Schutz der Bäume Gemeindesatzungen mit verbindlichem Rechtscharakter zu formulieren. Dieses Ziel verfolgte ein vom Internationalen Fonds für landwirtschaftliche Entwicklung (IFAD) finanziertes Projekt in der Region Maradi, in dessen Rahmen der Aufbau von Verwaltungsinstitutionen auf Dorfebene gefördert wurde. In diesen Einrichtungen sitzen sowohl Frauen wie Männer, Vertreter der Kleinfarmer und Viehhirten. Die Komitees pflegen den Kontakt mit den umliegenden Dörfern und organisierten Zusammenkünfte mit deren Vertretern zur Förderung koordinierter Baumschutzmaßnahmen. Sie formulieren Regeln und legen Strafen für das illegale Fällen von Bäumen fest.

Kann die Ausdehnung von Agrarforst-Parklandschaften mit der Zunahme von Niederschlägen in der Sahel-Zone erklärt werden?

In Fachkreisen wird zuweilen die These vertreten, dass die großflächige Wiederbegrünung im südlichen Niger im Wesentlichen mit den in jüngster Zeit zu beobachtenden höheren Niederschlagsmengen zu erklären sei. Tatsächlich regnet es in der Sahel-Zone nach einer längeren Folge von Dürrejahren in den 1970er- und 1980er-Jahren wieder mehr. Zutreffend ist auch, dass sich diese höheren Niederschlagsmengen positiv auf die natürliche Regenerierung der Landschaft und das Wachstum artenreicher Gehölzvegetationen auswirkte. Wenn jedoch die Niederschlagsmenge der entscheidende Faktor für die Wiederbegrünung wäre, dann müsste die durchschnittliche Baumbestandsdichte im Norden Nigerias höher sein als im südlichen Niger. Beide Regionen weisen nämlich ähnliche Bevölkerungsdichten, ähnliche Böden und dieselbe ethnische Bevölkerung auf, doch im Norden Nigerias regnet es mehr. Trotzdem ist die Baumdichte dort wesentlich geringer als im Süden des Nigers, wo FMNR betrieben wird. Höhere Niederschläge erleichtern sicherlich die Regenerierung. Doch entscheidend sind das bewusste menschliche Gestalten der Landschaft und die systematische Pflege der Bäume.

Laut van Noordwijk et al. (2015) deuten neue wissenschaftliche Erkenntnisse darauf hin, dass Waldgebiete und Baumvegetation die Niederschlagsmengen positiv beeinflussen. Falls dies zutrifft, haben die neu entstandenen Agrarforst-Parklandschaften im südlichen Niger bereits einen Einfluss auf den Regen in den Regionen Zinder und Maradi. Bislang wurden die Daten der Niederschlagsmengen in dem betreffenden Landesteil allerdings noch nicht wissenschaftlich ausgewertet.

Warum findet die Wiederbegrünung so wenig offizielle Beachtung?

Die Beispiele Niger und Mali zeigen, dass selbst im großen Maßstab praktizierte FMNR auf nationaler und regionaler Ebene lange Zeit nahezu unbeachtet bleiben kann. So war es auch im Fall Malawi. Das Ausmaß, in dem landwirtschaftliche Flächen von den Bauern auf natürliche Weise regeneriert wurden, ist erst vor Kurzem bekannt geworden. Warum haben Außenstehende diese Entwicklung übersehen? Liegt der Grund in der Tatsache, dass einfache Kleinfarmer von sich aus aktiv geworden sind und ihr Schicksal in die eigenen Hände genommen haben, ohne dass überdimensionale Projekttafeln vor ihren Feldern aufgestellt wurden? Oder könnte es sein, dass man etwas nicht sieht, was direkt vor der eigenen Nase liegt? Staatliche Behörden rechnen womöglich nicht damit, dass Lösungen von ungebildeten Bauern kommen können und schauen deshalb erst gar nicht hin. Außerdem haben sie vermutlich Schwierigkeiten, solche Initiativen ernst zu nehmen und als realistische, wenn auch unkonventionelle Art der Lösung für ein drängendes Problem anzuerkennen, mit dem sich Experten schon seit Langem herumschlagen.

Ist vor diesem Hintergrund nicht wahrscheinlich, dass weitere FMNR-Erfolge nur darauf warten, noch entdeckt zu werden?

Die Ausweitung von FMNR

Es gibt eine ganze Reihe von Faktoren, die eine weitere Ausbreitung von FMNR behindern – etwa das Abbrennen der Wald- und Buschvegetation, die Überweidung von Grünland sowie die rechtlichen Bestimmungen zum vermeintlichen Schutz der Bäume. Die Brandrodung und die uneingeschränkte Beweidung nützen einigen der ortsansässigen Menschen: Auf diese Weise wird die Grasnarbe regeneriert, Gestrüpp beseitigt, die Jagd wilder Nagetiere für den Verzehr erleichtert und im Fall der Beweidung dem Vieh der Zugang zu billigem Grünfutter ermöglicht. Place und Binam (2013) stellten fest, dass sich ein Großteil der Bauern in der Sahel-Zone (44%) wegen noch immer unsinniger Forstgesetze in ihrer Handlungsfreiheit eingeschränkt fühlt. Die beiden Autoren identifizierten noch weitere schwerwiegende Hemmnisse wie die willkürlichen Eingriffe staatlicher Forstbehörden (38%), das illegale Abholzen durch Ortsfremde (31%) sowie die von unkontrolliert grasenden Nutztieren verursachten Schäden (28%).

Die Interessen von FMNR-Farmern mit denen anderer Landnutzer in Einklang zu bringen ist nicht einfach. Glücklicherweise gibt es für diese Interessenskonflikte allerdings auch Lösungsansätze, die in Afrikas Trockenregionen bereits erfolgreich umgesetzt wurden: die kontrollierte Brandrodung, die Weideflächenrotation und die Einrichtung von Durchzugskorridoren für Viehherden. Solche Maßnahmen erleichtern die Ausweitung von FMNR – wir wissen zumindest, dass die Schwierigkeiten überwunden werden können.

Unsinnige Forstgesetze, die den Landwirten das Leben schwer machen, sind ein in Entwicklungsländern weit verbreitetes Problem. Dazu zählen Vorschriften, die den Holzeinschlag oder das Zurückschneiden von Bäumen nur mit einer – gegen Gebühr – erteilten Genehmigung erlauben. Verstöße gegen diese Bestimmungen werden gewöhnlich empfindlich bestraft. Die Folge dieser Vorschriften ist, dass die Bauern nachwachsende Bäume so schnell wie möglich entfernen, um erst gar nicht gegen die Gesetze verstoßen zu können. Andererseits haben die politisch Verantwortlichen in den Ländern der Sahel-Zone längst erkannt, dass sich solche Bestimmungen nachteilig auf die Entwicklung des Landes auswirken (z.B. McLain, 1992). Die Problematik wird schon seit Längerem erörtert, man bemüht sich um Reformen. Allerdings ist die Regenerierung des Agrarlandes noch immer nicht überall gesetzlich geregelt, sie wird von den Aufsichtsbehörden oft nur toleriert (Reij et al., 2009). Eine neuere Analyse der Forstgesetze mehrerer Länder in der Region wurde von Yatich et al. (2013) durchgeführt.

Der Anreiz für FMNR könnte auch mit der Entwicklung neuer Märkte weiter gesteigert werden. Das Beispiel des Shea-Baums in Burkina Faso zeigt, welche Folgen ein sich auf dem Weltmarkt durchsetzendes Produkt für die Farmer haben kann. Allerdings müssen solche Marktsignale über einen ausreichend langen Zeitraum hinweg Bestand haben: Denn die Wahl der wünschenswerten Baumarten ist vor allem in den Trockenregionen eine ausgesprochen langfristige Angelegenheit.

Abb. 1 | **Trockengebietszonen in Sub-Sahara-Afrika, die für FMNR besonders gut geeignet sind.** [Quelle: R. Winterbottom et al. 2013.]

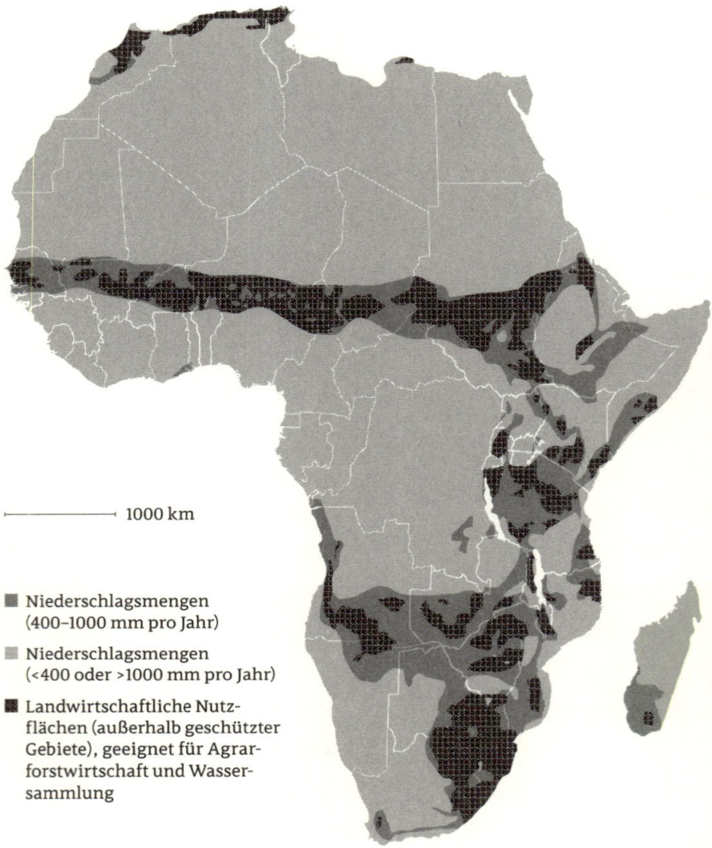

Prinzipiell ist FMNR in allen geografischen Regionen Afrikas dringend zu empfehlen, insbesondere in den semi-ariden und subhumiden Regionen. In einer Klimazone mit Niederschlagsmengen zwischen 400–1000 mm pro Jahr bestehen besonders günstige Bedingungen für die Landwirtschaft. Dieser Gürtel umfasst weite Bereiche der Sahel-Zone, das Horn von Afrika und einen großen Teil des südlichen Afrika (siehe Karte). In diesen Regionen ist die von den Bauern selbst durchgeführte natürliche Landregenerierung die am besten geeignete Agrarforst-Praxis – begleitet von verbesserten Anbaumethoden, Bodennutzungsplänen und effektiven Viehzuchtsystemen. Place und Binam (2013) fanden heraus, dass in der Sahel-Zone über 90% des Baumbestands auf Farmland durch FMNR entstanden sind.

Die Forderung, FMNR massiv auszuweiten, wächst. Das World Resources Institute (WRI), die deutsche Gesellschaft für Internationale Zusammenarbeit (GIZ), die Afrikanische Union (AU) und eine Reihe weiterer Organisationen unterstützen mittlerweile ein Programm, das eine Vielzahl afrikanischer Staaten für die Regenerierung von rund 100 Millionen Hektar Land bis zum Jahr 2030 gewinnen will. Diese »AFR100« genannte Initiative hat sich ein ehrgeiziges Ziel gesetzt, das nur erreicht werden kann, wenn die FMNR-Methode eine dominante Rolle spielt. Angesichts der enormen Flächen und der nur begrenzt zur Verfügung stehenden finanziellen Mittel sind andere Methoden der Regenerierung unvorstellbar.

Das WRI veröffentlichte 2015 einen Bericht darüber, wie die Ausweitung der Wiederbegrünung aussehen könnte (Reij und Winterbottom, 2015). Der Bericht baut auf den oben beschriebenen Erfahrungen in der Sahel-Zone auf und empfiehlt sechs Schritte.

Schritt 1: Bestandsaufnahme und Analyse bisher erfolgreich durchgeführter Regenerierungen

In den Trockenregionen Afrikas gibt es eine Vielzahl kleinerer und größerer Wiederbegrünungserfolge einzelner Farmer, die nicht unbedingt auch wahrgenommen wurden, wie die Beispiele aus Niger und Mali zeigen. Jedes an dem Aktionsprogramm teilnehmende Land sollte eine Bestandsaufnahme der auf seinem Staatsgebiet erfolgreich durchgeführten Maßnahmen liefern. Die daraus gewonnenen Erkenntnisse können Farmer, die bislang noch nicht der FMNR-Methode folgen, inspirieren und mit Anschauungsmaterial versorgen.

Schritt 2: Aufbau einer Graswurzel-Bewegung

In den meisten Entwicklungsstaaten finanzieren Geberländer bereits partizipatorische Ansätze zum Management natürlicher Ressourcen. Das erfolgt nicht immer in koordinierter Weise. Die Herausforderung besteht darin, solche Projekte miteinander zu vernetzen, um Synergien zu erzeugen und einen stärkeren Einfluss auf die Regierungen ausüben zu können.

Die Organisation gegenseitiger Besuche von Farmern zum Zweck des Erfahrungsaustauschs ist – wie bereits erwähnt – eine hervorragende Methode, die Ausweitung von FMNR voranzutreiben. Bäuerinnen und Bauern haben in ihrer landwirtschaftlichen Praxis zuweilen schon so viel Erfahrung gesammelt, dass sie als Experten bezeichnet werden und anderen Bauern ihr methodisches Wissen über die Wiederbegrünung weitergeben können. Wenn es zutrifft, dass die Praxis der Politik vorangeht, dann müssen die politischen Entscheidungsträger über die Erfolge in solchen »Kompetenzzentren« auf dem Laufenden gehalten werden.

Schritt 3: Politische und rechtliche Rahmenbedingungen thematisieren und günstige Voraussetzungen für die Umsetzung schaffen

Ein partizipatorischer Ansatz allein reicht nicht aus, die Anwendung der FMNR-Methode zu beschleunigen. Die Regierungen müssen darüber hinaus forstrechtliche und landwirtschaftspolitische Anreize zu schaffen, damit die Farmer in Bäume investieren. In vielen Fällen zeigen die Forstgesetze noch immer markante Schwächen. In den meisten Ländern der Sahel-Zone dürfen die Bauern zwar Bäume, die sie selbst gepflanzt haben, fällen und verwerten. Doch wenn sie das Gehölz nach der FMNR-Methode großgezogen haben, benötigen sie unter Umständen eine Genehmigung der Forstbehörde, um die Bäume beschneiden oder irgendwann abholzen zu können.

Ein entscheidender Schwachpunkt stellt außerdem die Tatsache dar, dass die für Umweltschutz zuständigen Ministerien zwar meist am Erhalt natürlich gewachsener Wälder und dem Pflanzen von Bäumen interessiert sind, nicht aber an Praktiken zur Regenerierung. Auf der anderen Seite konzentrieren die Ministerien für Landwirtschaft ihre ganze Aufmerksamkeit meist auf den Anbau einjähriger Nutzpflanzen. Sobald es um die Finanzierung von Agrarforst-Projekten geht, verzetteln sich die beiden Ressorts in Kompetenzstreitigkeiten. Das Umweltministerium vertritt dann die Auffassung, dass es bei der Agrarforstwirtschaft um Bäume geht und die Angelegenheit somit in ihren Zuständigkeitsbereich fällt. Dagegen reklamiert das Landwirtschaftsministerium, das über wesentlich mehr Ressourcen verfügt und in der Regel auch mehr Möglichkeiten zur Umsetzung solcher Projekte hat, die Zuständigkeit für sich, weil es sich um ein landwirtschaftliches Thema handle. Eigentlich sollte es jedoch um die Entwicklung ressortübergreifender Plattformen gehen, die von den institutionellen Ressourcen beider Zuständigkeitsbereiche benutzt werden, um die Wiederbegrünung auszuweiten.

Schritt 4: Eine effektive Kommunikationsstrategie entwickeln und umsetzen

Mithilfe von lokalen und regionalen Radiostationen können Millionen von Kleinbauern erreicht und die ländliche Bevölkerung über die Wiederbegrünung informiert werden. Darüber hinaus kann das Internet mit Mobilfunk- und anderen Informationstechnologien der Landbevölkerung zugänglicher gemacht werden. Der Kommunikationsprozess sollte weiter optimiert werden, indem in- und ausländische Journalisten eingeladen werden, um über die erfolgreichen Wiederbegrünungsbemühungen zu berichten. Bislang haben die wenigsten FMNR-Projekte eine Kommunikationsstrategie, und falls doch, dann ist diese völlig unterfinanziert. Die Herausforderung besteht darin, möglichst viele Landnutzer darüber zu informieren, welche Fortschritte bei der Regenerierung bereits erzielt wurden, und wie sie und ihre Dorfgemeinschaften sich daran beteiligen können. Im Zentrum der Kommunikationsstrategien sollten die Landnutzer stehen.

Schritt 5: Wertschöpfungsketten für Baumprodukte entwickeln
Hier muss der private Sektor eine wichtige Rolle übernehmen. Er kann die Weiterverarbeitung von Agrarforstprodukten anregen, um ihren Wert zu vergrößern. Dies wird den Kleinbauern schließlich mehr Geld einbringen und außerdem ihren Unternehmergeist wecken.

Schritt 6: Forschungsaktivitäten zur Schließung von Wissenslücken über FMNR
Mittlerweile liegen genügend Erkenntnisse über FMNR vor, um die Ausweitung der Methode mit guten Gründen zu forcieren. Gleichzeitig müssen allerdings noch bedeutende Lücken in unserem Wissen geschlossen werden. So ist noch wenig über die Folgen großflächig angelegter FMNR auf die Oberflächen- und Grundwasserhydrologie bekannt. Auch ihre Auswirkungen auf die Niederschläge, auf die Kohlenstoffbindung in der Biomasse und im Boden sowie auf die Ernährung und die Ernährungssicherheit sind noch zu wenig erforscht.

Schlussbemerkung

FMNR verfügt über ein großes Potenzial, die Anfälligkeit der bäuerlichen Haushalte in den Trockenregionen Sub-Sahara-Afrikas zu reduzieren und ihre Widerstandsfähigkeit zu stärken. Dieses Potenzial wird oft unterschätzt. Es muss noch viel Überzeugungsarbeit geleistet werden, um die Einstellung politischer Entscheidungsträger, Entwicklungsexperten und selbst technischer Spezialisten wie Agrarforscher und Anbauberater zu verändern. Viele dieser Akteure betrachten die Mischung von Bäumen und Nutzpflanzen noch immer als unkonventionell oder gar rückschrittlich und auf jeden Fall als zu vermeiden. Allerdings legt eine wachsende Zahl von Beweisen nahe, dass eine erfolgreiche Integration von Bäumen in den Feldbau und die Viehhaltung äußerst gewinnbringend sein kann – vorausgesetzt, es werden die richtigen Baumarten und Pflegepraktiken eingesetzt.

Die »Eingebung«, die Tony Rinaudo Mitte der 1980er-Jahre in Niger hatte, und sein hartnäckiges Bestreben, die Menschen für die ökologischen Zusammenhänge in ihrer Umwelt zu sensibilisieren, sowie seine Bemühungen, der Landbevölkerung in zahlreichen Staaten wichtige agrarökologische und -ökonomische Kenntnisse zu vermitteln, haben den Grundstein für eine groß angelegte Ausweitung von FMNR gelegt. Diese Bestrebungen beginnen in Afrika und überall auf der Welt Fuß zu fassen. Dank dieser Vorarbeit konnte im Jahr 2012 das Aktionsbündnis »EverGreen Agriculture Partnership« ins Leben gerufen werden, das zu einer starken Allianz anwuchs, bestehend aus in der Entwicklungszusammenarbeit tätigen Nichtregierungsorganisationen, UN-Werken, Regierungsvertretern verschiedener Staaten sowie Forschungs- und Bildungseinrichtungen, aber auch Vertretern der Privatwirtschaft. Dieses Aktionsbündnis (evergreenagriculture.net) hat sich zum Ziel gesetzt, die großflächige Ausweitung von FMNR voranzutreiben. Dahinter steht die Vision, Bäume überall auf der Welt in optimaler Weise in Agrarland, Weideland und Waldland zu integrieren. Das Aktionsbündnis entwickelt sich derzeit zu einer globalen Wiederbegrünungsallianz, die nationale Initiativen zur Regenerierung von Agrarflächen unterstützt. Angestoßen wurde das alles von einem eher zurückhaltenden Menschen, der wenig Aufhebens um sich macht, obwohl er auf eine bahnbrechende Entdeckung gekommen ist.

»Vertrauen wäre zumindest mal ein Anfang«

Interview mit Günter Nooke

Günter Nooke ist Afrikabeauftragter des deutschen Bundesministeriums für wirtschaftliche Zusammenarbeit und Entwicklung (BMZ) sowie Persönlicher Afrikabeauftragter von Bundeskanzlerin Angela Merkel. Er lernte Tony Rinaudo auf einer siebentägigen Reise kennen, die World Vision Deutschland für Freunde und Unterstützer der FMNR-Methode organisiert hatte. Die Gruppe war zur trockensten Jahreszeit Ende März 2017 unterwegs, sowohl in Humbo im äthiopischen Südwesten wie in Tigray im abessinischen Hochland im Nordosten des Landes. Im Gespräch mit Johannes Dieterich spricht Nooke über FMNR, Wiederaufforstung, Energieversorgung, Bevölkerungswachstum und seine Vorstellung von Entwicklungspolitik.

JOHANNES DIETERICH | *Sie haben sich mit Tony Rinaudo dessen FMNR-Projekte in Äthiopien angesehen. Was war Ihr Eindruck?*

GÜNTER NOOKE | Zuerst, da bin ich sicher, ging es mir wie vielen anderen: Den größten Eindruck machte Tony Rinaudo als Persönlichkeit auf mich. Es gibt Menschen, die so viel positive Energie ausstrahlen, dass sich selbst so rational eingestellte Typen wie ich dem nur schwer entziehen können – und wollen. Es macht einfach Freude, den fachkundigen und engagierten Ausführungen von Tony zu folgen, wenn er mit seinem Messer in der Hand den jungen Sträuchern einen Fassonschnitt verpasst, damit daraus schnell kleine Bäume werden, die alleine weiterwachsen und so zur Begrünung des verkarsteten Tales den entscheidenden Beitrag leisten.

Hat sich dieser positive Eindruck bereits in der Politik der Bundesregierung niedergeschlagen? Unterstützt diese die FMNR-Projekte – und wenn ja, auf welche Weise?

Wir haben FMNR innerhalb der Bundesregierung diskutiert, der Parlamentarische Staatssekretär hat sich persönlich dafür interessiert und eingesetzt. Leider hat das noch nicht den Niederschlag in unserem bilateralen Portfolio mit Äthiopien gefunden. Aber ich bin sehr froh, dass aufseiten der Europäischen Union Programme entstehen, die FMNR unterstützen und voranbringen werden. Die staatliche Entwicklungszusammenarbeit und auch die Entwicklungsprojekte der Nichtregierungsorganisationen kranken oft daran, dass sie nicht nur aus westlicher Perspektive »entwickelt« werden, sondern auch vielen westlichen Entwicklungshelfern oder »Internationals« gut bezahlte Arbeit verschaffen sollen. Wir müssen hier umdenken, und ich bin sicher, das kommt. Die Frage ist nur: wie schnell.

Im Rahmen der von der Afrikanischen Union angestoßenen »African Forest Landscape Restoration Initiative« (AFR100) sollen mehr als 100 Millionen Hektar Land in Afrika rehabilitiert werden. Ist die Bundesregierung an dieser Initiative beteiligt?

Der Wiederaufbau von Wäldern ist eine der drei Säulen unseres Waldaktionsplans. Die AFR100-Initiative wurde vom Bundesministerium für wirtschaftliche Zusammenarbeit und Entwicklung (BMZ) gemeinsam mit anderen internationalen Organisationen im Dezember 2015 in Paris gestartet. Bis zum Jahr 2030 sollen auf 100 Millionen Hektar in ganz Afrika wieder Wälder und baumreiche, produktive Landschaften entstehen. Bisher haben sich der Initiative 26 Länder angeschlossen und eine Fläche von rund 86 Millionen Hektar identifiziert. Für uns als BMZ geht es dabei auch um einen international sichtbaren

Beitrag zur Umsetzung solcher Ziele – des Wiederaufbaus von Wäldern. AFR100 setzt an den Schnittstellen Klima, Armutsminderung und Verbesserung von Umweltleistungen (Wasser, Boden und Biodiversität) an und trägt direkt zur Erreichung der Ziele für nachhaltige Entwicklung und der drei Rio-Konventionen bei. Die Bundesregierung fördert AFR100 mit bisher rund EUR 32 Millionen und ist an der Umsetzung von Maßnahmen in Äthiopien, Kamerun, Madagaskar und Togo beteiligt.

Hat sich die »Entdeckung« der FMNR-Methode bereits auf den entwicklungspolitischen Kurs der Bundesregierung ausgewirkt? Werden zum Beispiel weniger Gelder für Projekte zur Anpflanzung neuer Bäume ausgegeben?

Ausgehend von den bahnbrechenden Erfolgen des FMNR-Ansatzes im Niger ist das Konzept in mehreren Ländern des Sahel, aber auch in Äthiopien und im südlichen Afrika auf dem Vormarsch. Ich bin kein grundsätzlicher Kritiker von Entwicklungszusammenarbeit, bin vielmehr sicher, dass wir uns in die richtige Richtung bewegen und alte Fehler nicht wiederholen. Aber angesichts der riesigen Herausforderungen dauert alles viel zu lange – das Abstellen der erkannten Fehler, das Verstärken von dem, was funktioniert, und die Entwicklung neuer Instrumente, wozu meines Erachtens auch FMNR gehört.

Welchen Stellwert räumen Sie der FMNR-Methode im Kampf gegen die Auswirkungen der Klimaerwärmung ein? Kann sie deren Symptome – höhere Temperaturen und schlimmere Dürren – wirksam begegnen?

Die Wiederbewaldung und Wiederbegrünung ist nicht nur für das globale Klimasystem von Bedeutung. Bäume in der Agrarlandschaft sind insbesondere in Trockengebieten für das Mikro- und lokale Klima zunehmend wichtig. Wir müssen vorsichtiger argumentieren und nicht jedes Wetterphänomen mit dem Klimawandel begründen. Bauern hilft es sehr, wenn ihre Kulturen einem geringeren Hitzestress ausgesetzt sind, ganz unabhängig davon, wie das erreicht wird.

Könnte die Wiederaufforstung auch einen Beitrag zur Reduzierung des CO_2-Anteils in der Atmosphäre leisten – also der Klimaerwärmung nicht nur symptomatisch entgegenwirken?

Gewiss leistet FMNR wie jede Begrünung einen wichtigen Beitrag dazu. In Afrika ist der Regenwald in den vergangenen hundert Jahren stark zurückgegangen, was vor allem mit dem Bevölkerungswachstum und dem Abholzen der Wälder zur Gewinnung von Brennholz zusammenhängt. An eine nachhaltige Forstwirtschaft wie in Europa ist unter solchen Umständen gar nicht zu denken.

Tony Rinaudos Erfahrungen zeigen, dass es für die ländliche Bevölkerung in Afrika nicht leicht ist, für ihre Wiederaufforstungsbemühungen auf dem Karbonmarkt an Karbon-Kredite zu kommen. Müsste die Politik in diesem Bereich nicht weiterhelfen?

Ich bin mir nicht sicher, ob es richtig wäre, klimaschützende Maßnahmen auf lokaler Ebene monetär auszugleichen, um sich dann über die Höhe der Begrünungsbeiträge und die dafür zu zahlenden Gelder zu streiten. Mir wären verantwortliche Regierungen lieber, die sich an den internationalen Maßnahmen beteiligen. Die alte Idee, dass der Deponieraum der Atmosphäre begrenzt ist und über alle Menschen gerecht aufgeteilt werden muss, führt dann zwangsläufig zu einem finanziellen Ausgleich von Nord nach Süd, weil wir in Deutschland etwa doppelt so viel in Anspruch nehmen, wie uns zusteht. Gleichzeitig hätte aber ein Land wie Nigeria auch einen Anreiz, die eigenen, klimaschädlichen Emissionen durch das

Abfackeln der Begleitgase der Ölproduktion zu senken. Die sind immer noch höher als alle anderen CO_2-Emissionen der Haushalte, des Verkehrs, der Landwirtschaft und – so weit überhaupt vorhanden – der Industrie zusammengenommen.

Die Energieversorgung ist in weiten Teilen Afrikas noch immer dermaßen prekär, dass vor allem Menschen in ländlichen Gebieten nichts anderes übrigbleibt, als Holz zu verfeuern. Sehen Sie Möglichkeiten, das zu verändern?

Weltweit sind derzeit noch immer rund 2,7 Milliarden Menschen in erster Linie auf Holz als Energielieferant angewiesen, die meisten von ihnen leben in Entwicklungsländern. In Sub-Sahara-Afrika sind 80% der Bevölkerung von Holz als Energieträger abhängig. Nicht zuletzt aufgrund des Bevölkerungswachstums wird die Nachfrage nach Holzenergie in Entwicklungsländern weiterwachsen. Dies bringt erhebliche Probleme mit sich, wenn das nicht nachhaltig geschieht und die Wälder weiterhin drastisch dezimiert werden. Lösungsansätze liegen also durchaus in einer nachhaltigen Holzproduktion und in einem effizienten Konsum.

In Deutschland weiß man schon seit drei Jahrhunderten um die Bedeutung des nachhaltigen Umgangs mit Holz als Brennstoff. Der sächsische Oberberghauptmann Hans Carl von Carlowitz warnte Anfang des 18. Jahrhunderts vor den verheerenden Folgen der Holzverfeuerung. Warum hat sich dieses Wissen nicht verbreitet?

Das ist richtig: Freiherr von Carlowitz formulierte bereits 1713 das Prinzip der Nachhaltigkeit, das festlegt, dass nur so viele Baumstämme aus einem Wald entnommen werden sollten, wie nachwachsen. Dieser einfache, aber bahnbrechende Gedanke stammt aus der Zeit der großen Waldzerstörungen in

Deutschland durch ungeregelte und zu intensive Nutzung für Brenn-, Bau- und vor allem Grubenholz. Es war im ökonomischen Interesse, genug Holz zu haben. Vielleicht ist bei manchen Themen – oder wie wir sie kommunizieren – heute zu viel Ideologie im Spiel. Das überzeugt selten.

Solarenergie ist für Afrika mit seinen vielen täglichen Sonnenstunden wie geschaffen. Trotzdem setzt sich die Technologie hier nur sehr langsam durch. Warum?

Da müssten wir jetzt lange über die Besonderheiten in Afrika sprechen und uns gleichzeitig vor Verallgemeinerungen in Acht nehmen, weil es in den einzelnen Ländern ganz unterschiedlich läuft. In ländlichen Regionen bieten Entwicklungsorganisationen seit Jahren Solarkocher zum Kochen an, die tatsächlich nicht wirklich gut ankommen. Oft machen wir uns das kulturelle Umfeld und die traditionellen Verhaltensweisen zu wenig bewusst und wundern uns, warum unsere Interventionen nicht akzeptiert werden. Inzwischen stoßen ja über Jahrhunderte gewachsene Traditionen und Überzeugungen mit modernsten Digitallösungen zusammen. Da ist zwar vieles möglich, aber wir müssen die Menschen in ihrer Kultur und mit ihrer Religion mitnehmen. Für mich heißt das, nicht den Eindruck zu vermitteln, dass sich nichts ändern muss. Aber gleichzeitig auch zu wissen, dass es keine dauerhaften Erfolge geben kann, wenn man die Einstellungen der jeweiligen Gemeinschaft nicht kennt und sie damit auch nicht ändern kann. Man nennt das auch die vierte, die kulturelle Dimension von Nachhaltigkeit.

Bei der Elektrizitätsgewinnung kommt der Solarenergie in Sub-Sahara-Afrika eine besondere Bedeutung zu. Dies umfasst vor allem den Einsatz dezentraler, netzungebundener Solarsysteme an Standorten außerhalb der Stromversorgungsnetze. Für afrikanische Verhältnisse mag die Photovoltaik oft noch zu teuer sein. Das ändert sich aber allmählich.

Der Landwirtschaft in Afrika wird nachgesagt, zur Entwicklung des Kontinents maßgeblich beitragen zu können – sie sei sogar wichtiger als die Industrialisierung, sagen manche Experten. Wenn das der Fall ist, kommt der Regenerierung der Böden eine noch bedeutendere Rolle zu: Müsste die FMNR vor diesem Hintergrund nicht noch viel leidenschaftlicher vorangetrieben werden?

Wie gesagt, ich bin ein großer Anhänger von FMNR. Aber ich habe von meinen Beratern gelernt, dass es ohne Industrialisierung auch in Afrika nicht vorangehen wird. Eher folgt die Landwirtschaft der Industrialisierung als dieser voranzugehen – etwa mit der effektiven Nutzung von Böden und Anbaumethoden sowie der Verarbeitung von Agrarprodukten.

Mit seinen riesigen landwirtschaftlich nutzbaren Flächen rückt Afrika auch ins Blickfeld internationaler Unternehmen, die sich große Anbaugebiete auf dem Kontinent anzueignen suchen. Ist diese Entwicklung zu begrüßen? Oder geht von ihr eine Gefahr sowohl für die afrikanische Landwirtschaft wie für die Regeneration der Böden aus?

Auch hier gibt es Chancen und Risiken, positive und negative Beispiele. Die Landwirtschaft in Afrika produziert weit unter ihrem Potenzial. Es gibt einen massiven Investitionsbedarf. Eine kommerzielle, technologisch moderne Agrarwirtschaft kann viel zur lokalen und regionalen Verfügbarkeit von Nahrung beitragen und durch Investitionen in die Wertschöpfungskette Einkommen und Beschäftigung erhöhen. Aber die Negativbeispiele des sogenannten »land grabbing« (Landraubs) haben die Grenzen und Risiken von privatwirtschaftlichen Großinvestitionen in strukturschwachen Entwicklungsländern deutlich gemacht. Dann haben die Menschen vor Ort davon gar nichts – außer dem Verlust ihres angestammten Landes.

Die vom BMZ geförderte Land-Matrix schafft hier Transparenz. Seit dem Jahr 2000 wurden über 400 großflächige ausländische Landkäufe oder -pachten mit einer Fläche von 10 Millionen Hektar in Afrika gemeldet. Mittlerweile ist die Mehrzahl davon auch unter Bewirtschaftung, aber die Anzahl und Flächen von neuen Landkäufen ist rückläufig. Ein viel größeres, aber wenig beachtetes Phänomen ist das inländische »land grabbing«, wenn lokale, oft urbane Eliten sich Besitzrechte über Landflächen sichern. Die soziale und ökologische Nachhaltigkeit derartiger Investitionen hängt grundsätzlich von ihrer Ausgestaltung ab. Die politischen Rahmenbedingungen müssen so gestaltet werden, dass Landvergaben nachvollziehbar und transparent sowie Agrarinvestitionen an international anerkannten Leitlinien ausgerichtet sind. Das beinhaltet eine gute Landnutzungsplanung und adäquate Beteiligung der Lokalbevölkerung unter Berücksichtigung ihrer legitimen – aber leider häufig nicht formalisierten – Landrechte. Der sichere Zugang zu Land ist eine Grundvoraussetzung für eine Welt ohne Hunger und den nachhaltigen Umgang mit natürlichen Ressourcen.

Ein entscheidender Grund für das Verschwinden der Bäume in Afrika war das starke Bevölkerungswachstum. Auch in den kommenden Jahrzehnten wird dieses Wachstum anhalten – in Afrika als einzigem Kontinent der Erde. Drohen die Errungenschaften der FMNR-Methode damit zunichtegemacht zu werden?

Traditionelle Formen der Landnutzung gefährden früher oder später das Gleichgewicht zwischen Bevölkerungszahl und deren Bedürfnissen sowie den mit verfügbaren Techniken und

Technologien zu erschließenden Ressourcen. Diese Situation ist in vielen Ländern Afrikas schon eingetreten und wird sich voraussichtlich weiter verschärfen. Bäume bieten vielfältige Produkte (etwa Holz, Honig, Früchte, Viehfutter und Nahrungsreserven in Hungerzeiten) sowie Umweltleistungen wie dauerhafte Wasserquellen, verbessertes Mikroklima oder verhinderte Bodenerosion. Arme Bevölkerungsschichten im ländlichen Raum hängen in besonderem Maße von der Verfügbarkeit und dem Zugang zu diesen Produkten und Leistungen ab.

Die Herausforderungen für die Erhaltung von Bäumen, Wäldern und produktiven Landschaften bestehen weniger in den technischen Aspekten als vielmehr in der Frage, wie Gesellschaften den Umgang mit diesen Ressourcen verbindlich regeln wollen und können, was also auch kulturell als sinnvoll und durchsetzbar eingeschätzt wird. Neben dem Schutz von Bäumen rücken zunehmend auch Maßnahmen der Wiederherstellung von Wäldern und baumreichen, produktiven Landschaften in den Blick. Das sind oft sehr beschäftigungsintensive Maßnahmen, die afrikanische Staaten brauchen.

Kann man gegen das starke Bevölkerungswachstum überhaupt etwas tun?

Es gibt Bildungsprogramme speziell für Mädchen und Frauen, von denen wir uns eine Reduzierung des Bevölkerungswachstums versprechen. In einigen Teilen Afrikas waren solche Programme bereits sehr erfolgreich. In der Regel sinkt mit höherem Einkommen die Zahl der Kinder. Um für das Alter vorzusorgen, brauchte man früher viele Kinder, heute bedeuten diese eher Armut im Alter.

Das starke Bevölkerungswachstum wird auch als wirtschaftliche Chance Afrikas bezeichnet: Im Gegensatz zur europäischen

Überalterung könnte der Kontinent von seiner jungen Bevölkerung profitieren. Ist das Bevölkerungswachstum denn nun eine Chance oder eine Gefahr?

Ich halte das Reden vom Chancenkontinent Afrika auch hier für verfehlt. Man spricht von einer »population dividend« – einer Bevölkerungsdividende –, weil die wachsende Bevölkerung zu größerem Wirtschaftswachstum führe, da ja mehr produziert und konsumiert wird und sich die Staatseinnahmen erhöhen. Allerdings basiert diese vermeintliche Dividende auf der Annahme, dass die wachsende Bevölkerung auch in Lohn und Brot ist. Das trifft auf Afrika zumindest derzeit nicht zu. Die Orientierung auf den Privatsektor und die Industrialisierung ist zwar richtig, wird aber das Problem fehlender Perspektiven für viele junge Afrikanerinnen und Afrikaner nicht lösen. Ich glaube, dass wir alle die Dimensionen dieser Herausforderung unterschätzen. Teils weil wir zu naiv sind und uns aus einem europäisch geprägten Verständnis heraus den Ländern Afrikas nähern. Teils weil wir das bloße Ausmaß des Problems und die konfliktreiche ethnische Dimension nicht wahrhaben wollen. Und teilweise wohl auch, weil Politiker ungern einräumen, dass sie für ein Problem keine Lösung haben. Wenn wir ehrlich wären, müssten wir wieder das Wort von den Wegen in Anspruch nehmen, die wir als Weggefährten gemeinsam beschreiten müssen. Gegenseitiges Vertrauen wäre zumindest mal ein Anfang: dass der andere es mit mir gut meint, weil wir aufeinander angewiesen sind.

Werden die mit der FMNR-Methode erzielten Erfolge auch zur Reduzierung der Migrationsströme beitragen?

Das gehört zu einer ehrlichen Antwort im soeben beschriebenen Sinn: Nein. Wir haben allerdings im Norden von Äthiopien, in Tigray, mit einer Familie gesprochen, wo der

Mann aus Saudi-Arabien zurückkommen konnte, weil das wieder begrünte Tal den dort wohnenden Menschen erlaubte, von den eigenen Agrarprodukten zu leben. Im kleinen Maßstab ist es also tatsächlich möglich.

FMNR ist eine verblüffend einfache Lösung für ein ziemlich drastisches Problem. Sind Ihnen auch in anderen Bereichen der Entwicklungspolitik schon derartig simple Lösungen für komplexe Probleme begegnet?

Ich bin mir gar nicht sicher, ob das so stimmt. Vielleicht ist FMNR das Einfache, was jedoch schwer zu verwirklichen ist.

Zumindest ist FMNR preiswert. In der Entwicklungspolitik geht es aber immer auch um die Mittelabfuhr: Das heißt, man muss das von den Regierungen der Industrienationen zur Verfügung gestellte Geld ausgeben. Dafür ist die Methode gerade nicht hilfreich.

Es ist richtig, dass FMNR besonders in Trockengebieten vergleichsweise äußerst kostengünstig ist. In diesen Regionen sind die wirtschaftlichen Möglichkeiten wegen der klimatischen Bedingungen und der mangelnden Infrastruktur meist auch stark eingeschränkt, private Investitionen sind hier eher unattraktiv. FMNR würde gewiss noch mehr Aufmerksamkeit in der Entwicklungspolitik erhalten, wenn diese ländlichen Räume stärker im Fokus der Partnerregierungen stünden und der Aktionsschwerpunkt »Naturressourcen und ländliche Entwicklung« bei den Gebern eine wichtigere Rolle spielte.

Die Verbreitung agroforstlicher Praktiken wie FMNR im Niger und anderen Regionen des Sahel wurde auch dadurch begünstigt, dass der Bevölkerung mehr Mitsprache bei der Bewirtschaftung forstlicher Ressourcen eingeräumt wurde. Im

Niger hat sich die Methode sehr schnell und unkompliziert in einem mehrere hundert Kilometer breiten Gürtel ausgebreitet. Untersuchungen kamen zu dem Schluss, dass bestimmte Bodeneigenschaften dort besonders förderlich sind. In zahlreichen Regionen Afrikas sind die Bedingungen womöglich nicht so günstig, weswegen es längere Zeit dauern kann, bis FMNR wirksam wird. Außerdem stehen ihrer Ausbreitung unklare Besitz- und Eigentumsverhältnisse im Weg, ebenso die klassischen und überholten Konzepte der landwirtschaftlichen Beratungsdienste. Ich will auch gar nicht abstreiten, dass FMNR eine Form von Beratung braucht, die wir mit unseren westlichen Durchführungsorganisationen gar nicht anbieten können. Das Anlernen und der Dialog mit der lokalen Bevölkerung setzt die Ausbildung vieler Ortskräfte voraus. Und die »Internationals« sind vielleicht auch lieber in anderen Projekten aktiv, wo sie nicht durch verkarstete Täler und die glühende Sonne ziehen müssen. Geld wird bei der FMNR-Methode nur für Arbeits- und Beratungsleistung gebraucht: Nicht einmal Bäume muss man kaufen, da wird der Mittelabfluss tatsächlich zum Problem.

Um mit der FMNR-Methode Erfolge bei der Regenerierung der verödeten Landschaften zu erzielen, ist eigentlich gar keine Entwicklungshilfe nötig – das können die afrikanischen Kleinbauern auch ohne Unterstützung. Ist das symptomatisch für die Entwicklungshilfe im Allgemeinen, deren Nutzen ja immer radikaler infrage gestellt wird?

Ich gebe Ihnen recht. Aber denken Sie bitte nicht, Sie könnten alle Probleme Afrikas mit der FMNR-Methode lösen und an allem, was in Afrika nicht funktioniert, seien nur der Westen und die westliche Hilfe schuld.

China hat gezeigt, dass man Afrika mit wirtschaftlicher Zusammenarbeit auf Augenhöhe und riesigen Investitionen in die Infrastruktur viel besser helfen kann als mit einzelnen Hilfsprojekten. Hat das in westlichen Staaten inzwischen zum Umdenken geführt?

Die »Partnerschaft für Afrika«, die im Jahr 2017 während der deutschen G20-Präsidentschaft ins Leben gerufen wurde, zielt mit unterschiedlichen Programmen darauf ab, den Privatsektor in Afrika zu stärken und internationale Investoren anzuziehen. Im »Compact mit Afrika« planen mittlerweile eine Reihe afrikanischer Länder, das Investitionsklima in ihren Staaten zu verbessern, um Investoren ins Land zu holen. Drei dieser Nationen (Elfenbeinküste, Ghana und Tunesien) haben darüber hinaus mit dem BMZ Partnerschaften abgeschlossen, durch die Reformen zur Verbesserung des Investitionsklimas beschleunigt werden sollen. Vor dem Hintergrund des enormen Investitionsbedarfs in Afrika setzen die Partner mehr und mehr auf eine katalytische Wirkung ihrer Finanzmittel: Steuergelder sollen strategisch eingesetzt werden, damit sie private Investitionen anziehen.

Bundeskanzlerin Angela Merkel sagte im November 2017 beim AU-EU-Gipfel in Abidjan, dass wir »von Entwicklungszusammenarbeit zu wirtschaftlicher Entwicklung« kommen müssen. Sie können das als Lernen von China betrachten, aber es ist einfach auch logisch. Wo soll denn Wohlstand herkommen? Doch nicht von fremden Hilfsleistungen! Das Wohl Afrikas liegt in unserem Interesse. Da weder wir noch die Afrikanerinnen und Afrikaner für ihren Kontinent bisher ein völlig neues Gesellschaftsmodell erfunden haben, werden wir es wohl ähnlich wie in anderen Teilen der Welt marktwirtschaftlich versuchen müssen.

Sollte man in Zukunft auf Entwicklungshilfe ganz verzichten und dafür Afrika als wirtschaftlichen Partner ernster nehmen?

Mich überzeugen keine radikalen Kurswechsel, wir müssen vieles besser machen, aber nicht alles anders.

Von außen könnte den FMNR-Farmern am besten geholfen werden, wenn ein Markt für die Produkte ihrer Bäume geschaffen würde, wie das etwa beim Karité-Baum und der aus seinen Kernen hergestellten Shea-Butter oder dem Gummi arabicum geschah. Sehen Sie Chancen in diesem Bereich?

Sicher gibt es da große Chancen, aber all das schafft keine Millionen von Arbeitsplätzen. Und die Bauern müssen wissen: Alles, was sie produzieren, muss in Qualität und Preis so angeboten werden, dass andere bereit sind, dafür ihr wertvolles Geld auszugeben. Subventionierte Projekte der Entwicklungszusammenarbeit leisten das gerade nicht.

Wenn Entwicklung profitabel ist, setzt sie sich von selbst durch. Wurde in der Entwicklungspolitik auf diesen Grundsatz bislang zu wenig Wert gelegt?

Auch darüber kann man sich austauschen. Nur sollte keiner so tun, als hätte er es schon immer besser gewusst.

Das 21. Jahrhundert wird gelegentlich als afrikanisches Jahrhundert bezeichnet. Ist das nur PR-Hype oder ist da was Wahres dran?

Wahrscheinlich kann man das so sagen. Aber zur Wahrheit gehört, dass das auch sehr schiefgehen kann. Dann ist es vielleicht immer noch ein afrikanisches Jahrhundert, aber nicht in der Konnotation Asiens, als Aufstieg eines Kontinents. Denken Sie nur an das immense Bevölkerungswachstum, das eben auch eine Zeitbombe sein kann. Im Übrigen gilt: Optimismus ist der einzige politische Irrtum, der nützt.

Tony Rinaudo

In seinem bahnbrechenden Buch »Man and Nature« schrieb George P. Marsh im Jahr 1864: *»In Teilen von Kleinasien, Nordamerika, Griechenland und dem alpinen Europa hat der Eingriff des Menschen den Erdboden so verwüstet, dass er einer Mondlandschaft gleicht. Wir wissen jedoch, dass diese Regionen vor der kurzen Zeitspanne, die wir ›Historische Periode‹ nennen, noch mit üppigen Wäldern, sattgrünen Weiden und fruchtbaren Wiesen bedeckt waren ... Ein Territorium, größer als Europa, dessen Überfluss in vergangenen Jahrhunderten noch eine Bevölkerung ernährte, die fast derjenigen der gesamten christlichen Welt zum heutigen Zeitpunkt entsprach, wurde jedem menschlichen Nutzen entzogen oder ist allenfalls noch dünn besiedelt.«*

Zum Zeitpunkt des von Marsh beschriebenen Grads der Zerstörung umfasste die Weltbevölkerung kaum 1,2 Milliarden Menschen. Bulldozer waren noch nicht erfunden, und kein Wald war dem unersättlichen Appetit der Kettensäge zum Opfer gefallen. Heute stehen wir an einem Scheideweg: Die mächtigen Wolken der Entwaldung, der Bodendegradation, des Klimawandels und des Bevölkerungswachstums ballen sich zu einem gewaltigen Sturm zusammen, der unaufhaltsam auf uns zusteuert und alles, was in seinem Weg steht, zu zerstören droht.

Einst führte mich der tansanische Bauer Marimo Mbijima an den Rand seines Bauernhofs, um mir einen knorrigen Baumstumpf zu zeigen. Das obere Ende des Stumpfs war durch mehrmaliges Verbrennen schalenförmig und schwarz, aber an der Seite wuchsen mehrere robuste Stängel, die der Bauer pflegte. Es war ein wertvoller und zunehmend seltener wilder Obstbaum. *»Dieser Baum war mein Feind«*, erzählte mir Marimo. *»Ich verbrannte den Stumpf jedes Jahr, um ihn loszuwerden. Doch seit ich FMNR kennengelernt habe, wurde er mein Freund, und ich schäme mich dafür, dass ich einst versucht habe, ihn zu töten.«*

Die Welt weiß seit Langem, dass Menschen Bäume brauchen. Wir stehen an einem kritischen Zeitpunkt der Geschichte, und es ist höchste Zeit, dem Wissen und der Tatsache entsprechend zu handeln, dass auch die Bäume uns Menschen brauchen, der Erde und aller ihrer Kreaturen wegen, einschließlich der Menschheit. Es wird Zeit, über das Verständnis und das schlechte Gewissen über den von uns verursachten Schaden hinauszugehen. Es ist Zeit zu handeln. Wissen und Gefühle werden uns nicht vor der bevorstehenden, selbst verschuldeten Gefahr schützen. Doch zum Glück steht uns zum Zeitpunkt, an dem beispielloses Handeln gefordert ist, mit FMNR ein Werkzeug zur Verfügung, mit dem wir den enormen Herausforderungen begegnen können. Es ist Zeit für entschiedenes Handeln.

Was bedeutet FMNR für die globale Wiederbegrünung? Der Begriff Phasenübergang kommt mir in den Sinn: Das Phänomen, von dem man spricht, wenn Trockeneis direkt von einem Festkörper in Gas verwandelt wird, ohne sich zu verflüssigen. Vor der Wiederentdeckung von FMNR war die Regenerierung von Land weder kosteneffektiv noch skalierbar oder nachhaltig. Mein Team und ich hatten den Leuten gut zugeredet, sie gedrängt und ihnen Anreize geboten, um das zu tun, was sie gerne und aus freien Stücken zu ihren Gunsten hätten tun sollen – bis plötzlich eine selbst angetriebene Bewegung entstand, von deren Existenz wir nicht einmal etwas wussten, bevor wir sie auf Satellitenbildern sahen. Wir hatten keine Kontrolle über das, was geschah. Und heute haben sich die Schleusentore geöffnet.

Wenn Leute zum ersten Mal mit FMNR in Kontakt kommen, reagieren sie fast immer verblüfft. Viele sehen erstmals einen Hoffnungsschimmer für die eigene Zukunft. Andere bewundern, was trotz der armseligen Ausgangslage im Niger erreicht worden ist. Sie fragen: *»Wenn die Nigrer mit minimaler Hilfe, unter solch extremen Bedingungen und ausgehend von einer derart verödeten Landschaft ihre Situation herumdrehen können, was ist dann mit uns? Was können wir erreichen?«* Die Antwort ist natürlich: *»Ihr könnt nicht nur das Gleiche wie sie erreichen. Mit dem Wissen, über das wir heute verfügen, könnt ihr dasselbe sogar besser und schneller schaffen.«*

Die rasante Transformation im Niger wirft für die internationale Gemeinschaft ein ähnliche Frage auf: Wenn in einem der ärmsten Länder der Welt, mit einem extremen Klima am Rande der Sahara und mit minimaler organisatorischer oder finanzieller Hilfe von Nichtregierungsorganisationen und der Regierung über einen Zeitraum von zwanzig Jahren hinweg 200 Millionen Bäume auf 5 Millionen Hektar Land wieder aufgeforstet werden konnten, was wäre dann erst möglich, wenn alle Interessengruppen – die Geberländer, Wissenschaftler, Regierungen, politischen Entscheidungsträger, Unternehmen, Nichtregierungsorganisationen, traditionellen und religiösen Führer – mit den Bauern zusammenarbeiteten und sich ernsthaft für die Wiederbegrünung einsetzten? Aus technischer Sicht gibt es keinen Grund, wieso im Laufe von fünf Jahren und in verschiedenen Ländern nicht 5 Millionen Hektar Land gleichzeitig regeneriert werden können.

Wir sehen heute erste Anzeichen einer internationalen Bewegung, eine Plattform für die Verbreitung von FMNR entsteht. So wurde auf der zweiten »African Dryland Week«, die von der Afrikanischen Union im Jahr 2014 einberufen wurde, die folgende Resolution verabschiedet: *»Wir empfehlen und schlagen vor, dass sich die Entwicklungsgemeinschaft der Trockengebiete, die Afrikanische Union und alle kollaborierenden und unterstützenden Organisationen ernsthaft verpflichten, folgendes Ziel zu erreichen: Jeder Bauernfamilie und jedem Dorf in den Trockengebieten Afrikas soll es bis zum Jahr 2025 ermöglicht werden, FMNR oder die ›Assisted Natural Regeneration‹ zu praktizieren.«* Diese Resolution ist ein enormer Vertrauensbeweis der höchsten politischen Institution in Afrika.

Auf globaler Ebene wurde im Jahr 2011 die Bonn Challenge gestartet: Der Versuch, in aller Welt 150 Millionen Hektar entwaldeten und zerstörten Landes bis im Jahr 2020, und 350 Millionen bis im Jahr 2030 zu regenerieren. Die Bonn Challenge wurde 2014 durch die New Yorker Wald-Erklärung auf dem Klimagipfel der Vereinten Nationen befürwortet und erweitert. Ein Jahr später setzte sich Afrika ein eigenes Ziel, um die Bonn Challenge zu erfüllen: Die »African Forest Landscape Restoration Initiative« (AFR100) ist der Versuch, 100 Millionen Hektar entwaldeter und verödeter Landschaften in ganz Afrika bis im Jahr 2030 zu restaurieren. Darüber hinaus gelten die »Great Green Wall of the Sahara« und die »Sahel Initiative« als Afrikas Vorzeigeinitiativen, um die Auswirkungen des Klimawandels und die Ausbreitung der Wüste zu bekämpfen. Geführt von der Afrikanischen Union will die Initiative das Leben von Millionen von Menschen verändern, indem sie in ganz Nordafrika, der Sahelzone und dem Horn von Afrika ein großes Mosaik grüner und produktiver Landschaften schafft.

Im Januar 2018 organisierte Globalgood, ein von Bill und Melinda Gates finanziertes Forschungslabor, einen Workshop, der eine Gruppe internationaler FMNR-Denker und Aktivisten mit Wissenschaftlern, Spezialisten für geografische Informationssysteme, Geldgebern, Pressesprechern und Akademikern zusammenbrachte. Ziel war es herauszufinden, was notwendig ist, um die FMNR-Methode »massiv auszuweiten«. Dabei wurden Blockaden und bedenkliche Lücken in der Promotion und Aufnahme von FMNR identifiziert und ein Aktionsplan entwickelt. Es war das erste Mal, dass eine derartig umfangreiche Gruppe internationaler Spezialisten zusammenkam, um einen Plan für eine globale Bewegung zu entwickeln. Ich bin zuversichtlich, dass dieser Workshop zu einer viel größeren Bekanntheit und schnelleren Ausbreitung von FMNR führen wird.

Sobald die Blockaden in der Ausbreitung von FMNR ausgemacht und eine Strategie entwickelt worden ist, sollte die Mobilisierung von Ressourcen in der Größenordnung der »Global Alliance for Vaccines and Immunization« (GAVI) erwogen werden. GAVI schaffte einen Mechanismus, um neue Ressourcen für die Immunisierung zu erschließen und diese zügig in die Gesundheitssysteme der Entwicklungsstaaten zu schleusen. Auf diese Weise wurden zwischen 2001 und 2005 mehr als USD 1 Milliarde lockergemacht. Wäre es nicht einen vergleichbaren Aufwand wert, das Lebenserhaltungssystem der Erde wiederherzustellen?

Meine Hoffnung ist, dass dieses Buch zu neuem Denken und Handeln für die weltweite Wiederaufforstung inspiriert. Mir wurden schon viele Beinamen zuerkannt, etwa der »verrückte weiße Farmer«, der »Baumflüsterer« oder eben der »Waldmacher«: Welcher wirklich zu mir passt, können Sie, liebe Leserin und lieber Leser, selbst entscheiden. Was mich betrifft, so lebe ich ein einfaches und gesegnetes Leben. Mein

Kindergebet: *»Nutze mich irgendwo und irgendwie, um etwas zu verändern«* hat meine wildesten Träume erfüllt – und erfüllt sie noch immer. Ich danke Gott täglich für das Privileg, auf diese Weise nützlich zu sein.

ANHANG

BIBLIOGRAFIE | TEXT DENNIS GARRITY

Akinnifesi, F., O. Ajayi, G. Sileshi, P. Chirwa, J. Chianu. 2010. Fertilizer tree systems for sustainable food security in the maize based production systems of East and Southern Africa Region: A review. Agronomy for Sustainable Development, 30: 615–629.

Barnes, R., and C. Fagg. 2003. Tropical Forestry Papers no. 41. 267pp. Oxford Forestry Institute (OFI). Oxford, UK.

Bayala, J., J. Sanou, Z. Teklahaimanot, A. Kalinganire, S. Oeudrago. 2014. Parklands for buffering climate risk and sustaining agricultural production in the Sahel of West Africa, Current Opinion in Environmental Sustainability, 6: 28–34.

Bayala, J., L.K. Heng, M. van Noordwijk and S.J. Ouedraogo. 2008. Hydraulic redistribution study in two native tree species of agroforestry parklands of West African dry savanna. Acta Oecologica-International Journal of Ecology, 34: 370–378.

Beedy, T.L., G. Nyamadzawo, E. Luedeling, D-G. Kim, F. Place, K. Hadgu. 2014. Carbon Sequestration and Soil Fertility Replenishment by Agroforestry Technologies for Small Landholders of Eastern and Southern Africa. In: Managing Soils of Smallholder Agriculture, Rattan Lal and B.A. Stewart (eds), Boca Raton, Florida: CRC Press.

Boffa, J-M. 1999. Agroforestry Parklands in Sub-Saharan Africa, FAO Conservation Guide 34, Food and Agriculture Organization of the UN, Rome.

Bunch, R. 2012, pers. comm.

Campbell, B.M., S.J. Vermeulen, T. Lynam. 1991. Value of Trees in the Small-scale Farming Sector of Zimbabwe. IDRC, Ottawa, Canada.

Cervigni, R. and M. Morris (eds). 2016. Confronting drought in Africa's drylands: opportunities for enhancing resilience. Washington, DC: World Bank.

Chaïbou, Guéro. pers. comm.

Dewees, P. 1995. Trees on farms in Malawi: Private investment, public policy, and farmer choice. World Development, 23: 1085–1102.

Engelstaedter, S., I. Tegen and R. Washington. 2006. North African dust emissions and transport. Earth Sciences Review (79): 73–100.

Francis, R., and P. Weston. 2015. The social, environmental and economic benefits of Farmer Managed Natural Regeneration (FMNR). World Vision Australia, Melbourne.

Garrity, D., F. Akinnifesi, O. Ajayi, G.W. Sileshi, J.G. Mowo, A. Kalin-Ganire, M. Larwanou and J. Bayala. 2010. Evergreen Agriculture: A robust approach to sustainable food security in Africa. Food Security, 2(3): 197–214.

Glenn, J.V. 2012. Economic Assessment of Landowner Incentives: Analyses in North Carolina and

Malawi. PhD Dissertation. North Carolina State University, Raleigh, North Carolina.

Hadgu, K,J. Mowo, D. Garrity, G. Sileshi. 2011. Current extent of evergreen agriculture and prospects for improving food security and environmental resilience in Ethiopia. International Journal of Agriculture 1 (1).

Haglund, E., J. Ndjeunga, L. Snook and D. Pasternak. 2011. Dry land tree management for improved household livelihoods: farmer managed natural regeneration in Niger. J. Environ. Manage, 92: 1696–1705.

Hirai, M. 2005. A vegetation-maintaining system as a livelihood strategy among the Sereer, West-Central Senegal. African Study Monographs, Suppl. 30: 183–193, March 2005, 183.

Kundhlande et al. 2017. Taking to Scale Tree-Based Systems that Enhance Food Security, Improve Resilience to Climate Change, and Sequester Carbon in Malawi. PROFOR. World Bank: Washington DC.

Mayaux, P., E. Bartholome, S. Fritz and A. Belward. 2004. A new land-cover map of Africa for the year 2000. J. Biogeogr. 31: 861–877.

Monela G.C., S.A.O. Chamshama, R. Mwaipopo, D.M. Gamassa. 2005. A study on the social, economic and environmental impacts of forest landscape restoration in Shinyanga Region, Tanzania. A report for the Ministry of Natural Resources and Tourism and the World Conservation Union (IUCN).

Oginosako Z., P. Simitu, C. Orwa, S. Mathenge. 2006. Are they competing or compensating on farm? Status of indigenous and exotic tree species in a wide range of agro-ecological zones of Eastern and Central Kenya, surrounding Mt. Kenya. ICRAF Working Paper no. 16. Nairobi: World Agroforestry Centre.

Place, F., D. Garrity, S. Mohan and P. Agostini. 2016. Tree-Based Production Systems for Africa's Drylands. World Bank Studies. Washington, DC: World Bank.

Place, F., and J. Binam. 2013. Economic impacts of Farmer-Managed Natural Regeneration in the Sahel. End-of-Project Technical Report for Free University Amsterdam and IFAD; World Agroforestry Center, Nairobi, Kenya (mimeo).

Pullan, R.A. 1974. Farmed parkland in West Africa. Savanna, 3(2): 119–151.

Raison, J-P. 1988. Les parcs en Afrique: état des connaissances, perspectives de recherches. Document de travail. Paris, Centres d'Etudes Africaines, EHESS. 117pp.

Reij, C, D. Garrity. 2016. Scaling up farmer-managed natural regeneration in Africa to restore degraded landscapes. Biotropica, 48(6): 834–843.

Reij, C., G. Tappan and M. Smale. 2009. Agro-environmental transformation in the Sahel. IFPRI Discussion Paper, Washington 00914.

Reij, C., and R. Winterbottom. 2015. Scaling up regreening: six steps to success. A practical approach to forest and landscape restoration. Washington, WRI report. www.wri.org/sites/default/files/scaling-regreening-six-steps-success.pdf.

Romieu, I., J.J. Sienra-Monge, M. Ramirez-Aguilar, M.M. Tellez-Rojo, H. Moreno-Macias, N.I. Reyes-Ruiz, B.E. Del Rio-Navarro, M.X. Ruiz-Navarro, G. Hatch, R. Slade, M. Hernandez-Avila. 2002. Antioxidant supplementation and lung functions among children with asthma exposed to high levels of air pollutants, American Journal of Respiratory and Critical Care Medicine, 166(5): 703–709.

Shivdenko, A., C.V. Barber, R. Persson. 2005. Forest and woodland systems. In Millenium Ecosystem Assessment. Retrieved March 15, 2010, from www.millenniumassessment.org/documents/document.290.aspx.pdf.

Shumba, A., B. Nyamasoka, P. Nyamugafata, S. Madyiwa, and J. Nyamangara. 2010. Effects of optimised innovative soil fertility and water management technologies on maize production in two contrasting soils in Harare, Zimbabwe. Second RUFORUM Biennial Regional Conference on »Building capacity for food security in Africa«, Entebbe, Uganda, 20–24 September 2010, pp. 651–657. RUFORUM.

Sileshi, G., F.K. Akinnifesi, O. C. Ajayi, F. Place. 2008. Meta-analysis of maize yield response to woody and herbaceous legumes in the sub-Saharan Africa. Plant Soil 307 p. 1–19.

Smith, K. R., C.F. Corvalán, T. Kiellström. 1999. How much global ill health is attributable to environmental factors? Journal of Epidemiology 10, 5, 573–84. www.who.int/environmental_information/Disburden/Articles/smith.pdf.

Smith, E. 2010. Local knowledge of natural regeneration and tree management in Sahelian parklands north of Tominian Mali. MSc thesis, School of Environment, Natural Resources and Geography, University of Bangor, Wales.

Tappan, G. 2016. US Geological Survey, pers. Comm.

Tougiani, A., C. Guero, and T. Rinaudo. 2009. Community mobilization for improved livelihoods through tree crop management in Niger. Geoforum 74: 377–389.

Winterbottom, R., C. Reij, D. Garrity, J. Glover, D. Hellums, M. McGahuey, S. Scherr. 2013. Improving land and water management. Working Paper. World Resources Institute. 44 p.

Yamba, B., and M.N. Sambo. 2012. La régénération naturelle assistée et la securité alimentaire des méages de 5 terroirs villageois des départements de Kantche et Mirriah (région de Zinder, Niger). Report for the International Fund for Agricultural Development. Etude FIDA 1246-VU University Amsterdam.

BILDNACHWEIS

- © Johannes Dieterich: *Umschlag, Titelbild;* S. 30 oben, 31, 32f., 34 oben, 35, 40, 41, 44, 45 oben
- © Mark Lewis: *Umschlag, Porträt Dieterich*
- © Saskia Noll: Grafiken *Umschlag, innen;* S. 136: Abb. 1 [Quelle: R. Winterbottom et al. 2013]
- Silas Koch, © World Vision: S. 42, 43 oben, 45 unten
- © World Vision: S. 30 unten, 34 unten, 36–39, 43 unten

Dennis Garrity, geboren 1952, ist Systemagronom und Forschungsleiter mit Schwerpunkt auf der Entwicklung von kleinbäuerlichen Anbausystemen in den Tropen. Er war als Botschafter der Konvention der Vereinten Nationen zur Bekämpfung der Wüstenbildung tätig und hob dabei die Rolle des Feldwaldbaus, die Integration von Bäumen in die Agrarwirtschaft sowie die Landschaftspflege als entscheidend für ein nachhaltiges Landmanagement hervor.

Garrity studierte Agrarwissenschaften im US-Bundesstaat Ohio sowie in den Philippinen und promovierte an der Universität von Nebraska in Pflanzenphysiologie. Von 2001 bis 2011 war er Generaldirektor des World Agroforestry Centre (ICRAF) in Nairobi, Kenia. Derzeit hat er den Vorsitz der weltweiten Initiative EverGreen Agriculture Parnership (EVAP) inne. Die Organisation will die afrikanische und asiatische Landwirtschaft u.a. durch die Integration von Bäumen zu einer »immergrünen« Feldbestellung verändern und unter vielen Millionen von Kleinbauern verbreiten. Dennis Garrity ist verheiratet mit Caluya Garrity und Vater von zwei Kindern.

Günter Nooke, geboren 1959, ist seit 2010 Persönlicher Afrikabeauftragter der Bundeskanzlerin Angela Merkel und seit 2014 Afrikabeauftragter des Bundesministeriums für wirtschaftliche Zusammenarbeit und Entwicklung (BMZ). In dieser Rolle besuchte er bereits mehr als dreißig afrikanische Staaten, viele auch mehrmals. Er repräsentiert die Bundesregierung auf nationalen und internationalen Veranstaltungen mit Afrikabezug, publiziert zu diesem Thema und ist häufig Gesprächspartner der Presse.

Nooke diplomierte in Leipzig zum Physiker und gehörte der kirchlichen Opposition in der DDR an. Er gilt als Mitbegründer des Demokratischen Aufbruchs und war 1990 Mitglied des Zentralen Runden Tischs. Sechs Jahre später trat er der CDU bei und saß von 1998 bis 2005 für die Partei im Bundestag. 2006 wurde der Bürgerrechtler zum Beauftragten der Bundesregierung für Menschenrechtspolitik und Humanitäre Hilfe ernannt. Weil die FDP in der neuen Koalition dieses Amt für sich beanspruchte, wurde Nooke im März 2010 zum Afrikabeauftragten der Bundeskanzlerin berufen.

Tony Rinaudo, geboren 1957. Nach dem Bachelor-Abschluss in Ländlichen Wissenschaften an der Universität von New England in Australien arbeitete Tony Rinaudo 18 Jahre lang in der Republik Niger als Leiter des Maradi Integrated Development Project (1981–1999). Seine Tätigkeit trug zu einer Transformation der Landwirtschaft im Niger und zur Wiederaufforstung von rund sieben Millionen Hektar Land bei. Der Erfolg dient heute einer weltweiten Bewegung zur Wiederbegrünung als Inspiration. Für seine Verdienste verlieh die nigrische Regierung Rinaudo die »Merite Agricole du Niger« – die höchste Auszeichnung, die ein Ausländer erhalten kann.

Seit 1999 arbeitet Tony Rinaudo für World Vision Australien. Er begann als Programmleiter für Äthiopien und Kenia, initiierte und leitete mehrere wegweisende Projekte und ist derzeit Chefberater der Hilfsorganisation für das Management von Naturressourcen. Seine Arbeit hat wesentlich zur weltweiten Anerkennung der Bedeutung und Wirksamkeit der Wiederbewaldung beigetragen. Tony Rinaudo ist verheiratet mit Liz und Vater von vier Kindern.

WEITERE BÜCHER AUS DER REIHE

rüffer & rub visionär

Joachim° Ackva

Ein Konto für die ganze Welt

Broschur
ISBN 978-3-906304-04-5

Die Menschheit steht vor großen Herausforderungen. Frieden: Die Welt gibt mehr Geld für Rüstung aus als im Kalten Krieg. Wohlstand: Für viele nicht erreichbar. Naturerhalt: Seit 1970 halbierten sich die Populationen jener Tiere, die eine wichtige Grundlage des Ökosystems bilden. Die Politik ist zur Lösung der Probleme nicht fähig. Seit 2015 gibt es zwar erstmals in der Geschichte global verhandelte, konkrete Ziele, die 17 UN Global Goals. Doch das Allgemeinwohl ist nicht die Aufgabe nationaler Regierungen. Der nächste Schritt liegt bei der Zivilgesellschaft, bei jedem Einzelnen von uns.

Joachim° Ackva fordert, dass jeder Mensch auf ein Konto, welches das UN-Sekretariat verwaltet, freiwillig ein Tausendstel des Privatvermögens einzahlt. Damit könnten alle UN Global Goals entscheidend vorangebracht werden. Multinationale Umfragen weisen darauf hin, dass viele Menschen dazu bereit sind.

Hans Herren

So ernähren wir die Welt

Broschur
ISBN 978-3-906304-05-2

»Eine Welt mit genügend und gesunder Nahrung für alle, produziert von gesunden Menschen in einer gesunden Umwelt« ist die Vision von Hans Rudolf Herren und seiner Stiftung Biovision.

Die Stiftung setzt sich in Afrika ein für die Entwicklung, Verbreitung und Anwendung von ökologischen Methoden. Der Fokus der Stiftung liegt auf der Informationsaufbereitung. Praxisorientierte Wissensvermittlung und der Wissensaustausch tragen dazu bei, dass die Menschen in Kenia, Uganda, Tansania und Ägypten selbstbestimmt und (umwelt)bewusst handeln. Basisprojekte wie die Malaria-Prävention oder die Einkommensförderung durch Medizinalpflanzen-Anbau verbessern die Lebensbedingungen der Menschen und dienen als Demonstrations- und Trainingsorte.

Ernst Bromeis

Jeder Tropfen zählt
Schwimmen für das Recht auf Wasser

Broschur
ISBN 978-3-906304-06-9

Wasser ist die Grundlage des Lebens auf der Erde – für Mensch, Tier, Natur. Doch diese Grundlage ist weltweit immer mehr gefährdet – durch Verschmutzung, die globale Erwärmung oder verschwenderischen Gebrauch im Haushalt. Wasser wird deshalb immer wertvoller. Weltkonzerne kaufen aus diesem Grund Wasserrechte. In der Schweiz wird darüber nachgedacht, Wasserkraftwerke an chinesische Firmen zu verkaufen.

Das Ziel von Ernst Bromeis ist es, den Menschen bewusst zu machen, dass Wasser nicht unendlich vorhanden ist. Es darf nicht sein, dass Großkonzerne Grundwasservorkommen ausbeuten und Menschen deshalb keinen Zugang zu Trinkwasser haben oder kein sauberes Wasser trinken können. Ernst Bromeis setzt sich mit spektakulären Aktionen dafür ein: U.a. durchschwamm er 2008 zweihundert Seen im Kanton Graubünden, 2014 schwamm er 1247 Kilometer vom Lago di Dentro bis zur Mündung des Rheins in den Niederlanden.

Susanna Fassbind

Zeit für dich – Zeit für mich
Nachbarschaftshilfe für Jung und Alt

Broschur
ISBN 978-3-906304-27-4

Alt und allein, in Not und niemand da – und dann? Dieses Buch handelt vom Geben und Nehmen, von Gemeinschaft und Fürsorge: Die Autorin Susanna Fassbind stellt das neue Modell KISS für ein solidarisches Zusammenleben vor. KISS – Keep it small and simple – ist ein Verein, der der Freiwilligenarbeit eine neue Dimension hinzufügt: die 4. geldfreie Säule der Vorsorge, damit Menschen im Alter oder in schwierigen Lebenssituationen zu Hause bleiben können und betreut werden durch erfahrene und motivierte Freiwillige. Diese Freiwilligen werden mit Zeitgutschriften honoriert, die sie selbst für schwierige Situationen und fürs Alter ansparen oder sofort einsetzen können. Die Autorin beschreibt, wie KISS den gesellschaftlichen Zusammenhalt in der Nachbarschaft stärkt und zugleich Staat und Private finanziell stark entlastet. Inzwischen gibt es neun KISS-Genossenschaften, und ihre Zahl wächst stetig.

Lynn Blattmann

Arbeit für alle
Das St. Galler Modell für Sozialfirmen

Broschur
ISBN 978-3-906304-26-7

Die Schaffung von sinnvollen und sinnstiftenden Arbeitsplätzen für ausgesteuerte Langzeiterwerbslose und die mittel- und längerfristige Integration in den ersten Arbeitsmarkt – so lautet das ambitiöse und seit 20 Jahren erfolgreich realisierte Ziel der St. Galler »Stiftung für Arbeit«. 2008 wurde die Tochterfirma Dock Gruppe AG gegründet. An 15 Standorten in der Schweiz haben in dieser Sozialfirma seither nahezu 10 000 Langzeitarbeitslose gearbeitet. Das Modell beweist, dass für Langzeitarbeitslose Arbeitsmöglichkeiten zu volkswirtschaftlich günstigem Preis geschaffen werden können.

Die Autorin Lynn Blattmann ist davon überzeugt, dass eine Gesellschaft nur dann gerecht sein kann, wenn sie niemanden, der arbeiten will, von der Erwerbsarbeit ausschließt. In ihrem Buch »Arbeit für alle« zeigt sie auf, was es braucht, um eine Sozialfirma erfolgreich zu führen, und wie sich eine solche von klassischen Produktionsbetrieben unterscheidet.